Eddie,
Thank you
for your Great
Help and Friendship
to all of us
- Brazil -
16/3/99

Ministério do Meio Ambiente, dos Recursos Hídricos e da Amazônia Legal
Instituto Brasileiro do Meio Ambiente e dos Recursos Naturais Renováveis
Diretoria de Recursos Naturais Renováveis - Diretoria de Incentivo à Pesquisa e Divulgação
Laboratório de Produtos Florestais

MADEIRAS TROPICAIS BRASILEIRAS

BRAZILIAN TROPICAL WOODS

Maria Helena de Souza
Engenheira Florestal - *Forester*

Mauro Mendonça Magliano
Engenheiro Florestal - *Forester*

José Arlete Alves Camargos
Tecnologista da Madeira - *Wood Technologist*

Colaboração / Colaboration
Mário Rabelo de Souza
Físico, Ph.D. em Ciência da Madeira - *Physicist Ph.D. Wood Sciences*

Brasília, 1997

Edição / *Editor*

IBAMA - DITEC

Laboratório de Produtos Florestais
SAIN - Av. L4 - Lote 04 • 70818-900 • Brasília - DF • Brasil
Tel.: (061)225-1182 e 316-1526 • Fax: (061)225-1182

S729m Souza, Maria Helena de

Madeiras tropicais brasileiras = Brazilian tropical woods / Maria Helena de Souza, Mauro Mendonça Magliano, José Arlete Alves Camargos, com a colaboração de Mário Rabelo de Souza. ____ Brasília : Instituto Brasileiro do Meio Ambiente e dos Recursos Naturais Renováveis. Laboratório de Produtos Florestais, 1997.

152 p : il. fotos

ISBN 85-7300-037-6

Texto em português e inglês

1. Madeira - Brasil. 2. Madeira - anatomia. 3. Madeira - características gerais. 4. Madeira - espécies. 5. Madeira - propriedades. I. Magliano, Mauro Mendonça. II. Camargos, José Arlete Alves. III. Souza, Mário Rabelo de. IV. Instituto Brasileiro do Meio Ambiente e dos Recursos Naturais Renováveis. Laboratório de Produtos Florestais. V. Título. VI. Título: Brazilian tropical woods.

CDU 631.571

Brasília
1997

Impresso no Brasil
Printed in Brazil

SUMÁRIO
CONTENTS

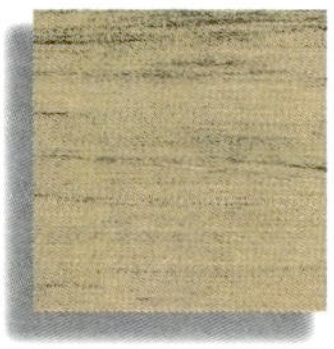

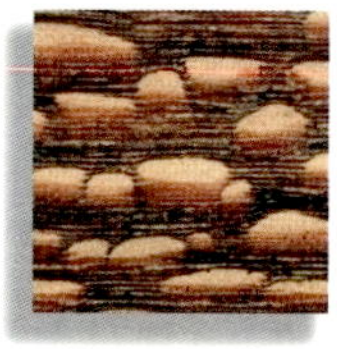

AGRADECIMENTOS
ACKNOWLEDGEMENTS

Agradecimentos são devidos às seguintes empresas, associações e sindicados, cujo apoio foi fundamental para os trabalhos fotográficos das toras, árvores e cascas das madeiras deste catálogo.

Acknowledgments are due to the following enterprises, associations and syndicates which support helped obtain the photos of logs, trees and bark used herein.

- Sindicato da Indústria de Serraria, Carpintarias, Tanoarias, Madeiras Compensadas e Aglomeradas e Chapas de Fibras de Madeiras de Paragominas - SINDISERPA - Paragominas - PA
- Indústria e Comércio de Madeiras Dunorte Ltda. - DUNORTE - Paragominas - PA
- Madeiras Gerais do Brasil Indústria e Comércio Ltda. - MAGEBRAS - Breves - PA
- Associação das Indústrias Exportadoras de Madeiras do Estado do Pará - AIMEX - Belém - PA

E ainda àquelas que enviaram listas com sugestões de madeiras a serem incluídas neste catálogo:

And to that ones that helped suggesting wood species to be included in this catalogue:

- Fundação de Tecnologia do Estado do Acre - FUNTAC
- Sindicato das Indústrias de Transformação de Madeiras e seus Derivados de Ji-Paraná
- Federação das Indústrias do Estado de Mato Grosso - FIEMT
- Sindicato das Indústrias de Laminados e Compensados do Estado de Mato Grosso - SINDILAM
- Sindicato das Indústrias de Madeiras Compensadas e Laminadas no Estado do Amazonas - SICLAM

Agradecemos também ao Dr. José Dias Neto, ex-Diretor de Incentivo à Pesquisa e Divulgação do IBAMA.

We also thank Dr. José Dias Neto, former Director of Research Incentive of IBAMA.

APRESENTAÇÃO
FOREWORD

O Instituto Brasileiro do Meio Ambiente e dos Recursos Naturais Renováveis - IBAMA, dentro da sua missão institucional de fomentador das corretas práticas de intervenção na natureza, coloca mais um importante subsídio à disposição da indústria de base florestal e da sociedade, através desta publicação, subsídio este que proporcionará uma maior divulgação das madeiras tropicais brasileiras, tanto no mercado nacional como internacional. Esta publicação também facilitará e ampliará a comercialização de espécies pouco conhecidas no mercado, permitindo que o manejo florestal seja praticado com um número maior de espécies. Este fato contribui para ampliar a viabilidade econômica do manejo florestal sustentável e, em conseqüência, sua maior utilização.

O Laboratório de Produtos Florestais - LPF, teve a incumbência de compor o conteúdo desta publicação e editá-lo, tendo a preocupação de criar uma forma atraente, leve e um conteúdo de fácil assimilação técnica, de maneira a tornar prática e agradável sua utilização. O emprego da madeira, a partir de indicadores técnicos e do conhecimento de suas reais possibilidades de uso, proporcionará a automática agregação de valor aos seus produtos.

Esta publicação também mostra claramente que cooperação entre sociedade e governo é profícua e pode ser melhor explorada. Foi elaborada em articulação com as associações de indústrias de base florestal, que participaram na seleção das espécies e apoiaram a documentação fotográfica de árvores e toras na Região Amazônica. Temos consciência de que o aperfeiçoamento destes mecanismos de parceria, entre pesquisa e empresa, governo e sociedade e governo e setor produtivo, propiciará o aprimoramento da qualidade do padrão econômico-social do País, assim como, fortalecerá a integração dos diversos segmentos da sociedade neste desenvolvimento.

Eduardo de Souza Martins
Presidente do IBAMA

The Brazilian Institute of Environment and Renewable Natural Resources - IBAMA, within the scope of its institutional mission of encouraging the correct techniques of intervention in nature, such as the management of forests in the Amazon Region, makes available, with this book, an important data basis. It is designed to be used by the forest industry and society in general, to help divulge Brazilian tropical woods in both domestic and international markets. This book will encourage the commercialization of those species not well known in the market and allow forest management to be carried out with a greater number of species. This fact will increase the economic viability and, hopefully, greater utilization of sustainable forest management.

The Forest Products Laboratory - LPF was in charge of gathering the data presented in this book as well as publishing it. The Laboratory's concern was to conceive an attractive format with an easily comprehensible content, to enable a practical and enjoyable read. The use of the wood, based on technical indexes and on the knowledge of the real possibilities of use, will automatically add value to its products.

This book also clearly demonstrates that the cooperation between society and government is profitable and may be better implemented. This book was prepared in collaboration with forest industry associations that participated in the selection of species and helped with the photographic documentation of trees and logs in the Amazon Region. The improvement of such partnerships between research and private companies, government and society and government and productive sectors, will not only increase the social economic standard of the Country but also strengthen the integration of the several segments of society.

Eduardo de Souza Martins
President of IBAMA

INTRODUÇÃO
INTRODUCTION

O uso da madeira como matéria-prima para os mais diversos produtos está, hoje, cercado por preconceitos. Preocupados com a exploração desordenada, alguns defendem que não se deve, de forma alguma, utilizar a madeira. Outros, em nome da questão ambiental, sustentam que somente as florestas plantadas devem ser exploradas, mantendo-se as florestas nativas intocadas.

Do ponto de vista ambiental, a utilização da madeira tem muita importância, pois é matéria-prima renovável. Mesmo se tivéssemos que esperar cem anos pela produção de determinada madeira, ainda seria muito pouco se comparado ao tempo de formação de outros recursos naturais. A madeira tem, ainda, a vantagem de se reintegrar ao ambiente pelo processo de apodrecimento, de forma natural, sem causar danos ambientais, na maioria das vezes, o que é, ecologicamente, muito desejável. O mesmo não se pode dizer de materiais alternativos à madeira como, por exemplo, o plástico.

O reflorestamento, embora absolutamente necessário para a produção de matéria-prima e recuperação de áreas degradadas, não deve ser considerado como solução para todos os problemas, pois ao lado de suas vantagens, traz o perigo da monocultura em áreas extensas e o empobrecimento em termos de variedade de espécies, não somente vegetais como animais. Quanto à floresta nativa, pode-se afirmar que, na Amazônia, algumas madeiras passaram da época de serem "colhidas", tornando-se impróprias para o aproveitamento industrial convencional.

O Brasil ainda está longe da situação ideal, mas tem avançado na questão da exploração da floresta natural. Muitas pesquisas vêm sendo feitas para viabilizar o manejo sustentado e muitos projetos têm sido implantados com esta finalidade, além de experiências com reflorestamento de espécies nativas e de enriquecimento de florestas naturais. A necessidade de incentivar o uso de maior variedade de madeiras, objeto desta publicação, é uma das recomendações para que os planos de manejo tornem-se economicamente viáveis, segundo resultado de pesquisa na Amazônia.

Apesar de defendermos o uso da madeira das florestas nativas, consideramos absolutamente necessária a manutenção destas florestas. Com o objetivo de guardar esta relação entre madeira e floresta, apresentamos, neste trabalho, fotos das madeiras e das árvores que lhes dão origem, lembrando a responsabilidade que a sua exploração implica. Ainda para reforçar esta idéia lembramos que a manutenção das florestas é importante para controlar o clima, fixar o solo, evitar o assoreamento de rios, manter a fauna, evitar pragas na lavoura, produzir alimentos e remédios, filtrar poluentes e reduzir o risco de aquecimento da Terra.

Podemos afirmar que cometem um terrível engano os que, preocupados com a questão ambiental, pregam que não se deve utilizar madeira. Na realidade, a solução para os problemas relativos à exploração da madeira passa necessariamente pelo estabelecimento de métodos de exploração madeireira adequados e pela definição de uma política ou atitude de governos, sociedades e pessoas no sentido de reduzir o consumo e o desperdício, não só de produtos originários da floresta ou da madeira, mas de todos os produtos de uma forma geral.

The use of solid wood as a raw material for the manufacturing of a wide range of products is sometimes surrounded by preconceived ideas. The concern with a disorganized exploitation leads some people to defend that wood must not be exploited in any way whatever. On behalf of the environmental issue, others support that only planted forests must be exploited while native forests must remain untouched.

The use of wood is extremely important from the environmental viewpoint, since it is a renewable raw material. Even if we had to wait a hundred years for the production of a certain wood species, it would not be much when compared to the time required for the formation of other natural resources. The wood also has the advantage of being naturally reinserted into the environment by decay process without causing, most of the time, significant environmental impact, what is highly desirable. The same does not happen with alternative materials such as plastics.

Although being absolutely necessary to produce raw material and recover degraded areas, reforesting cannot be considered as the only solution for all problems, since side by side with its advantages is the danger of monoculture in great areas and the loss of biodiversity. Regarding native forest, we can say that some wood trees in the Amazon Region cannot be "harvested" any more, because of their age, consequently becoming inadequate for conventional industrial processing.

Brazil did not reach the ideal situation yet, however progress has been made in the exploitation of natural forest. A lot of researches have been carried out to enable sustained management and many projects have been implemented with such purpose, besides other experiences with reforesting of native species and enrichment of natural forests. The need of encouraging the use of a greater variety of wood species, which is the objective of this publication, is one of the advised measures for the management plans to become economically viable, as demonstrated by the results of a research carried in the Amazon Region.

We consider the preservation of native forests extremely necessary although defending the use of such forests wood. With the purpose of protecting this relationship between the wood and the forest, this work presents pictures of the woods and the trees they come from, always bearing in mind the responsibility implied in wood exploitation. To stress this idea, we also remind that the preservation of forests is important to control the climate, to fixate the soil, to avoid river silting up, to preserve the fauna, to avoid unwanted weeds in crops, to produce food and medicaments, to filtrate polluting agents and to reduce the risk of heating the Earth.

We can state that those who on behalf of the environmental issue support that wood must not be used in any way are incurring into a great mistake. In reality, the solution for the problems regarding wood exploitation must necessarily take into account the establishment of adequate wood exploitation methods and the definition of policies and measures to be followed and adopted by all government authorities, other entities and individuals aiming at reducing consumption and waste, not only of forest or wood origin products but also of all products in general.

NORMAS E PROCEDIMENTOS

METHODOLOGY AND PROCEDURES

Este catálogo foi elaborado a partir da compilação de dados de trabalhos publicados pelo Laboratório de Produtos Florestais - LPF, do Instituto Brasileiro do Meio Ambiente e dos Recursos Naturais Renováveis - IBAMA e, eventualmente, de outras publicações científicas de descrição de madeiras tropicais. Estas outras publicações estão indicadas no texto por números sobrescritos, entre parênteses, que correspondem ao número da publicação listada no item Referências Bibliográficas.

As madeiras foram escolhidas a partir de uma lista com mais de 100 espécies sugeridas pelas associações dos estados produtores de madeira. O critério adotado foi o de escolher espécies que ocorressem na maioria destes estados.

No que se refere aos trabalhos do LPF, as propriedades das madeiras foram determinadas por meio de procedimentos tradicionalmente utilizados para este fim, em conformidade com normas técnicas da Comissão Pan-Americana de Normas Técnicas (COPANT), da American Society for Testing and Materials - ASTM, ou, ainda, de procedimentos técnicos propostos pelo LPF, descritos a seguir.

This catalogue is based on data from papers published by the Forest Products Laboratory - LPF of the Brazilian Institute of the Environment and Natural Renewable Resources - IBAMA and from other scientific publications concerning the description of tropical woods. These other publications are shown in the text by superscript, in brackets that correspond to the publication in the References.

The wood species presented here were selected from a list of over than 100 suggested by industry associations located in wood-producing States. The final criterion was to present the species most wideley distributed in all the participating States.

The properties of the woods have been determined through procedures traditionally used for this purpose, according to those described by the Pan-American Commission of Technical Standards - COPANT, by the American Society for Testing and Material - ASTM, and also by technical proceedings proposed by LPF.

CARACTERÍSTICAS GERAIS

As características gerais foram determinadas utilizando-se a proposta de norma publicada por Coradin & Muniz (7).

Amostras da madeira foram utilizadas na determinação da grã, da figura, da cor e do brilho. As demais características como textura, cheiro, camadas de crescimento e distinção entre cerne e alburno foram observadas em discos retirados da árvore à altura do peito (DAP), ou à altura da sapopema (DAS).

- **Cerne / Alburno**

  A distinção entre cerne e alburno foi verificada por meio da diferença de cor e classificada em: distintos (cores diferentes), indistintos (cores iguais) e pouco distintos (cores semelhantes).

- **Anéis de crescimento**

  Foram observados a olho nu, em discos lixados e classificados conforme sua visibilidade em: distintos, indistintos e pouco distintos.

- **Grã**

  Termo empregado com referência à direção ou paralelismo dos elementos celulares constituintes da madeira em relação ao eixo longitudinal do tronco.

  A grã foi classificada em: direita, revessa ou ondulada,

GENERAL CHARACTERISTICS

The general characteristics have been determined using the proposal of standards described by Coradin & Muniz (7).

Wood specimens have been used to determine the type of grain, figure, and luster. Other characteristics such as texture, odor, distinction between heartwood and sapwood and growth rings have also been observed in wood disks taken from the tree at breast height (DBH) or at buttress height (DAB).

- ***Heartwood / Sapwood***

  The distinction between heartwood and sapwood has been verified through the difference in color and classified as follows: distinct (different colors), slightly distinct (similar colors) and indistinct (same colors).

- ***Growth rings***

  They have been observed with the naked eye, and classified according to their visibility as follows: distinct, slightly distinct and indistinct.

- ***Grain***

  This term refers to the direction or parallelism of the constituent cellular elements of the wood, in relation to the longitudinal axis of the trunk. The grain has been classified as follows: straight, interlocked and wavy. It is podendo ocorrer mais de um tipo de grã em árvores de uma mesma espécie, em diferentes amostras de uma mesma árvore ou, ainda, em uma mesma amostra.

- **Textura**

  Característica que se refere às dimensões, distribuição e abundância relativa dos elementos constituintes da madeira, observada no plano transversal. A análise e classificação dos tipos de textura, seguem os seguintes tipos:

  • Textura fina: poros com diâmetro tangencial inferior a 100 mm, parênquima invisível a olho nu e/ou escasso;

  • Textura média: poros com diâmetro tangencial de 100 a 300 mm e parênquima visível ou invisível a olho nu e

  • Textura grossa: poros com diâmetro tangencial superior a 300 mm. Madeiras com raios muito largos a extremamente largos e parênquima muito abundante também foram referidas como tendo textura grossa, mesmo quando os diâmetros dos vasos eram inferiores a 300 mm.

- **Figura**

  Consideraram-se, como figura da madeira, os aspectos resultantes das diferenças de cor causadas pelas camadas de crescimento, diferenças de grã ou de brilho, ou ainda, pelo destaque das linhas vasculares e parênquimas axial e radial.

- **Brilho**

  Foi verificado na mesma amostra utilizada para descrição da figura, sendo classificado em: ausente, com brilho moderado ou com brilho acentuado.

- **Cheiro**

  Para esta característica não foi utilizada nenhuma metodologia específica, sendo classificada em: imperceptível e perceptível (característico, agradável ou desagradável).

- **Gosto**

  Apesar de não constar na proposta de norma anteriormente mencionada, as informações de gosto provenientes de bibliografia foram mantidas.

possible that more than one type of grain may occur in different trees of the same species, in different specimens of the same tree, or even in the same wood specimen.

- ***Texture***

  This characteristic refers to the dimensions, distribution and abundance of the constituent elements of the wood, observed in the cross plane. The analysis and classification of the types of texture were carried out as described bellow:

  •Texture fine: pores with a tangential diameter of less than 100 mm and parenchyma not visible with the naked eye and/or scarce.

  • Texture medium: pores with a tangential diameter varying from 100 to 300 mm and parenchyma visible or not visible with the naked eye.

  •Texture coarse: pores with a tangential diameter of more than 300 mm. Woods with very wide to extremely wide rays and very abundant parenchyma have also been reported as having texture coarse, even when the diameters of the vessels had less than 300 mm.

- ***Figure***

  The aspects resulting from differences in color caused by the growth rings, grain, luster, vascular lines and axial and radial parenchyma are considered as the figure of the wood.

- ***Luster***

  This feature was verified in the same specimen used for the description of the figure and classified as follows: lacking, moderate and high.

- ***Odor***

  No specific methodology has been used to verify this feature. It was classified as follows: not distinctive and distinctive (characteristic, agreeable or disagreeable).

- ***Taste***

  Although not contained in the previously mentioned standard, the information on taste gathered from the existing bibliography remained.

DENSIDADE

São apresentados nos textos descritivos de cada espécie os valores da densidade verde (peso verde/volume verde) e da densidade aparente da madeira com teor de umidade de 12%. Na página 132 constam também os valores da densidade básica (peso seco em estufa/volume verde) de cada espécie.

DENSITY

The descriptions of each species present the values of the green density (green weight/green volume) and of the density of the wood at 12% moisture content. Page 132 also contains the values of the basic density (ovendry weight/green volume) of each species.

Os valores de densidade a 12% de umidade e de densidade básica não determinados, foram calculados conforme as fórmulas seguintes:

The density values as well as those for the basic density, that were not determined, were calculated through the following formulas:

$$D_{12} = 0{,}974 \frac{(1 + 0{,}15\ v)}{(1 + 0{,}12\ v)} D_{15} \quad \text{(Brotero)}^{(2)}$$

$$D_n = \left(\frac{1 + \frac{n}{100}}{1 - \frac{cv_n}{100}} \right) D_b = \quad \text{(Oliveira)}^{(26)}$$

onde:

D_n = densidade a n% de teor de umidade;
v = coeficiente de retratibilidade volumétrica;
cv_n = contração volumétrica sofrida pela madeira até que atinja a umidade n, expressa em %;
D_b = densidade básica da madeira.

where:

D_n = *wood density at n% moisture content;*
v = *coefficient of volumetric swelling;*
cv_n = *volumetric swelling of wood until it reaches n% moisture content;*
D_b = *basic density of wood.*

A classificação das madeiras em pesada, média ou leve fundamenta-se nos seguintes intervalos para três classes de densidades básica propostos por Melo, Coradin & Mendes:[25]

- Madeira leve - densidade básica $\leq$ a 0,50 g/cm^3
- Madeira de densidade média - 0,50 g/cm^3 < densidade básica < 0,72 g/cm^3
- Madeira pesada - densidade básica $\geq$ a 0,72 g/cm^3

The classification of the woods in heavy, medium or light, is based on a work by Melo, Coradin & Mendes:[25]

- *Light wood - basic density $\leq$ to 0.50 g/cm^3*
- *Medium density wood - 0.50 g/cm^3 < basic density < 0.72 g/cm^3*
- *Heavy wood - basic density $\geq$ to 0.72 g/cm^3*

SECAGEM

Os dados de secagem em estufa foram determinados utilizando-se os programas de secagem descritos abaixo:

DRYING

The evaluation of the species behavior after drying has been carried out based on the following drying schedules:

Quadro 1 - Programa de secagem 1 / *Table 1 - Drying schedule 1*

Teor de umidade da tábua mais úmida de cada carga do secador / *Moisture content of the wettest board in each dryer load*	Temperatura / *Temperature*		Teor de umidade de equilíbrio / *Equilibrium moisture content*	Umidade relativa do ar (aprox.) / *Relative moisture content (approx.)*
	Bulbo seco / *Dry bulb*	Bulbo úmido / *Wet bulb*		
(%)	(°C)	(°C)	(%)	(%)
de saturada até 30 / *from saturated until 30*	60	57	16,0	86
30 - 24	60	55	12,8	77
24 - 15	70	64	11,0	75
15 - 10	70	50	4,8	35
Acondicionamento (6 horas) / *Conditioning (6 hours)*	70	66	14,0	84

Quadro 2 - Programa de secagem 2 / *Table 2 - Drying schedule 2*

Teor de umidade da tábua mais úmida de cada carga do secador *Moisture content of the wettest board in each dryer load* (%)	Temperatura *Temperature* Bulbo seco *Dry bulb* (°C)	 Bulbo úmido *Wet bulb* (°C)	Teor de umidade de equilíbrio *Equilibrium moisture content* (%)	Umidade relativa do ar (aprox.) *Relative moisture content (approx.)* (%)
de saturada até 30 *from saturated until 30*	50	47	16,0	84
30 - 25	50	46	13,5	77
25 - 20	60	54	11,6	73
20 - 15	60	51	8,6	59
15 - 10	60	45	6,4	43
Acondicionamento (6 horas) *Conditioning (6 hours)*	60	56	14,0	82

Quadro 3 - Programa de secagem 3 / *Table 3 - Drying schedule 3*

Teor de umidade da tábua mais úmida de cada carga do secador *Moisture content of the wettest board in each dryer load* (%)	Temperatura *Temperature* Bulbo seco *Dry bulb* (°C)	 Bulbo úmido *Wet bulb* (°C)	Teor de umidade de equilíbrio *Equilibrium moisture content* (%)	Umidade relativa do ar (aprox.) *Relative moisture content (approx.)* (%)
de saturada até 30 *from saturated until 30*	70	62	9,6	68
30 - 24	70	55	6,5	47
24 - 15	80	63	5,8	46
15 - 10	80	41	1,6	11
Acondicionamento (6 horas) *Conditioning (6 hours)*	80	76	14,0	86

A avaliação do comportamento das espécies na secagem foi realizada por meio da análise visual dos defeitos apresentados pelas amostras e do tempo de secagem. Defeitos como rachaduras, colapso e empenamentos (encanoamento, torcimento, encurvamento e arqueamento) foram verificados e classificados em forte, médio e suave. A Figura 1 ilustra os tipos de empenamento verificados.

The drying evaluation of species was based on the occurrence of defects and on the drying time. Defects as checking, collapse and warping (cupping, twisting, springing and bowing) have been verified after drying and visually classified as pronounced, medium and slight. The Figure 1 shows the different types of warping observed during wood drying.

Quadro 4 - Programa de secagem 4 / *Table 4 - Drying schedule 4*

Teor de umidade da tábua mais úmida de cada carga do secador *Moisture content of the wettest board in each dryer load*	Temperatura *Temperature*		Teor de umidade de equilíbrio *Equilibrium moisture content*	Umidade relativa do ar (aprox.) *Relative moisture content (approx.)*
	Bulbo seco *Dry bulb*	Bulbo úmido *Wet bulb*		
(%)	(°C)	(°C)	(%)	(%)
de saturada até 30 *from saturated until 30*	70	62	9,7	68
30 - 25	70	56	6,7	50
25 - 20	80	63	5,7	46
20 - 15	80	58	4,5	35
15 - 10	80	50	3,1	22
Acondicionamento (6 horas) *Conditioning (6 hours)*	80	76	14,0	86

Figura 1- Tipos de empenamento verificados no processo de secagem da madeira
Figure 1 - Different types of warping observed during drying

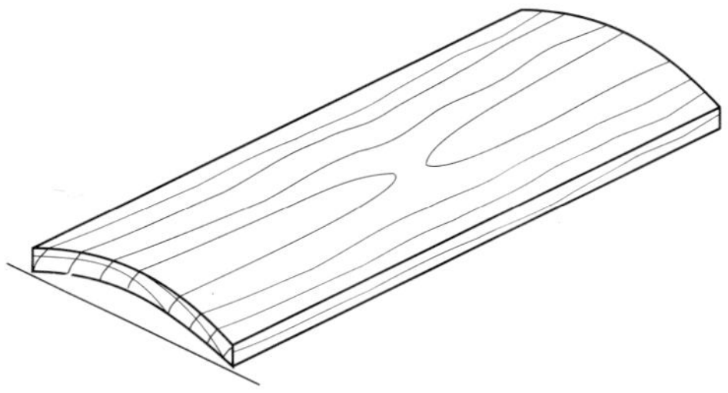

Encanoamento
Cupping

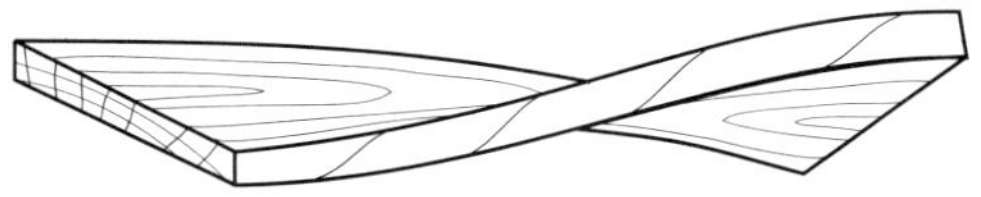

Torcimento
Twisting

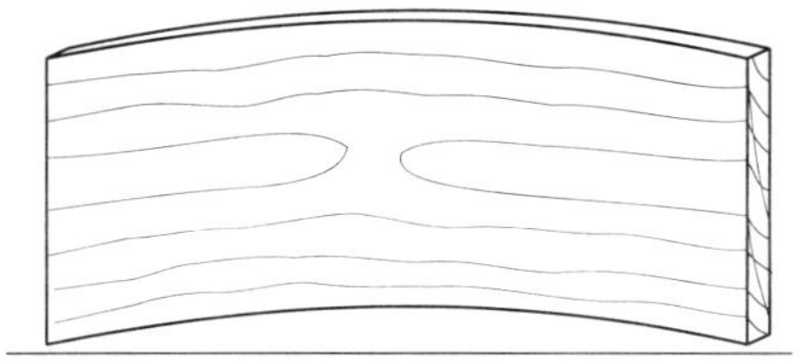

Arqueamento
Springing

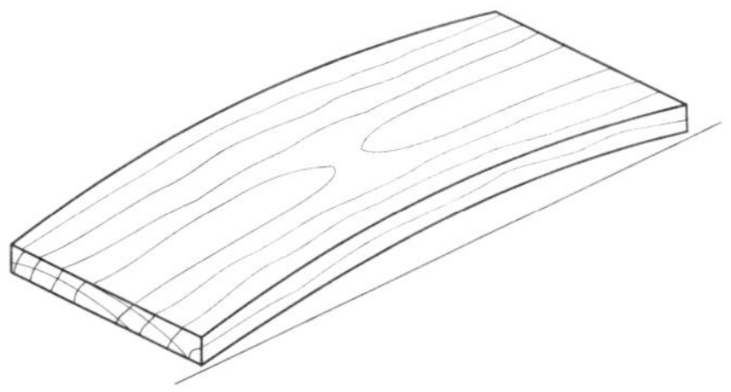

Encurvamento
Bowing

A tendência de cada espécie a apresentar um determinado tipo de defeito, em relação ao programa aplicado, foi classificada em ausente, pequena, moderada e grande, de acordo com o Quadro 5, em função da porcentagem das amostras que apresentaram o referido defeito.

The tendency of each species to present a certain type of defect, under a specific drying schedule, has been classified in lacking, slight, moderate and pronounced, according to Table 5, taking into account the percentage of specimens presenting the mentioned defect.

Quadro 5 - Classificação da tendência de aparecimento de defeito na secagem
Table 5 - Classification of the drying defect tendency

Amostras-testes que apresentaram defeito *Test specimens showing defects* (%)	Tendência *Tendency*
0 a 10	ausente *(lacking)*
11 a 30	pequena *(slight)*
31 a 50	moderada *(moderate)*
51 a 100	grande *(pronounced)*

Quadro 6 - Classificação de tempo na secagem / *Table 6 - Drying time classification*

Tempo de secagem (dias) *Drying time (days)*	Classificação *Classification*
< 4,0	muito rápida *(very rapid)*
de 4,0 a 8,0	rápida *(rapid)*
de 8,1 a 12,0	moderadamente rápida *(moderately rapid)*
de 12,1 a 16,0	moderadamente lenta *(moderately slow)*
de 16,1 a 20,0	lenta *(slow)*
> 20,0	muito lenta *(very slow)*

A velocidade de secagem foi determinada pelo tempo necessário para a secagem de amostras de 2,5 cm x 14 cm x 50 cm de cada espécie, independentemente do programa, de acordo com o Quadro 6.

The time required to dry wood specimens measuring 2,5 cm x 14 cm x 50 cm for each species, regardless of the drying schedule, has been classified according to Table 6.

TRABALHABILIDADE

Os dados de trabalhabilidade referem-se ao comportamento da madeira no processamento com ferramentas manuais e mecânicas, bem como ao acabamento superficial obtido nas operações de usinagem mais comumente empregadas na indústria de transformação secundária da madeira, quais sejam: serrar, furar, aplainar, lixar, tornear, colar, laminar, pregar e parafusar.
Os dados foram retirados de bibliografias diversas e por isto não existe uma padronização da nomenclatura. Entretanto, os conceitos utilizados como bom, fácil, regular, ruim, difícil etc. dão uma idéia do comportamento da madeira em uma ou mais operações.

WORKABILITY

The workability data refer to the behavior of the wood while being processed, more specifically, to the degree of difficulty of working the wood, and to the superficial finishing allowed in machining operations usually employed in secondary wood transformation industry such as: sawing, boring, planing, sanding, turning, gluing, veneering, nailing and screwing.
The data have been gathered from several bibliographies, therefore there is not a standard nomenclature. However, concepts like good, easy, regular, bad, difficult etc. give an idea of the wood behavior in one or more operations.

PROPRIEDADES FÍSICAS E MECÂNICAS

As propriedades físicas e mecânicas, apresentadas na página 132 foram determinadas de acordo com as normas COPANT.
Os valores das propriedades mecânicas (flexão estática, com-

PHYSICAL AND MECHANICAL PROPERTIES

The physical and mechanical properties, presented in page 132, have been determined according to COPANT standards.
The values of the mechanical properties (static bending,

pressão paralela e perpendicular às fibras, tração perpendicular às fibras, cisalhamento e dureza Janka), são apresentados em condição verde (saturada) e climatizada (com teor de umidade de aproximadamente 12%).

Além da densidade básica (peso seco em estufa/volume verde), também são apresentados os valores das contrações: tangencial, radial e volumétrica, baseadas na variação do teor de umidade, desde o estado de saturação das fibras (~30%) até 0% de umidade, obtido em estufa.

compression parallel and perpendicular to grain, tension, shear and Janka hardness) are presented for green wood (saturated) and dry wood (at 12% moisture content).

Besides the basic density (ovendry weight/green volume), this work also presents the shrinkage values: tangential, radial and volumetric, based on the moisture content variation, from saturation of grain (~30%) to 0% moisture content, obtained with kiln-drying.

DURABILIDADE NATURAL

Os dados foram retirados de bibliografia diversa e portanto não seguem uma padronização de nomenclatura. Entretanto, os conceitos utilizados como durável, moderadamente durável, resistente, suscetível, perecível, vulnerável etc. dão uma idéia da durabilidade natural das madeiras.

DURABILITY

The data have been gathered from several bibliographies, therefore there is not a standard nomenclature. However, used concepts like durable, moderately durable, resistant, susceptible, perishable, vulnerable etc. give an idea of the natural durability of the wood species.

PRESERVAÇÃO

Os dados de preservação de madeira foram obtidos por meio do tratamento, em separado, de peças medindo 5 cm x 5 cm de seção transversal e 60 cm de comprimento, com creosoto (oleossolúvel) e com solução de cobre, cromo e arsênico - CCA-A (hidrossolúvel), em base óxida a 3% (volume/volume), pelo processo de célula cheia, de acordo com as condições de tratamento apresentadas no Quadro 7.

PRESERVATION

As regards preservation, wood pieces with cross section measuring 5 cm x 5 cm and 60 cm in length have been treated separately with creosote (oil-borne) and a copper, chrome and arsenic solution - CCA-A (water-borne), in oxide base at 3% (volume/volume), using the full cell process, according to the treatment conditions presented in Table 7.

Quadro 7 - Processo de célula-cheia (Bethell) / *Table 7 - Full cell process (Bethell)*

Condições de Tratamento / *Treatment Conditions*				
Preservativos	Vácuo inicial durante 45 min.	Pressão de trabalho durante 4 h	Vácuo final durante 30 min.	Temperatura
Preservative Solutions	*Initial vacuum during 45 min.*	*Work pressure during 4h*	*Final vacuum during 30 min.*	*Temperature*
	(mm Hg)	(kg/cm^2)	(mm Hg)	(°C)
CREOSOTO	600	12	600	80-90
CCA-A	600	12	600	23
				(ambiente/*room temperature*)

• Análise dos testes de preservação

A retenção dos produtos preservativos na madeira foi calculada dividindo-se a diferença entre o peso da amostra, antes e após cada tratamento, pelo seu correspondente volume e classificada em grupos, de acordo com o Quadro 8.

• Analysis of the preservation tests

The retention of the preservative solutions in the wood was calculated by dividing the difference between the weight of the test specimen before and after each preservative treatment by its corresponding volume, and than rated, according to Table 8.

Quadro 8 - Classificação da retenção dos preservativos utilizados

Table 8 - Classification of the retention of the used preservative solutions

	Preservativos / *Preservative solutions*	
Grupos	**Creosoto - retenção (kg/m^3)**	**CCA-A - retenção de ingredientes ativos (kg/m^3)**
Groups	***Creosote - retention (kg/m^3)***	***CCA-A - Retention of active ingredients (kg/m^3)***
I	< 300	$\geq 12{,}00$
II	$200 <$ retenção < 300	$8{,}00 \leq$ retenção $\leq 11{,}95$
III	$100 <$ retenção < 200	$4{,}00 \leq$ retenção $\leq 7{,}95$
IV	< 100	$< 4{,}00$

A distribuição dos produtos preservativos foi determinada através de análise visual da seção transversal da peça tratada, e classificada de acordo com a Figura 2.

The distribution of the preservatives solution were determined by subjective visual evaluation of the cross-section area of the treated test specimens and classified according to Figure 2

Figura 2- Tipos de penetração de produtos preservativos na seção transversal da amostra

Figure 2- Types of preservative solutions penetration in the cross-section area of the test specimen.

Total e Uniforme	Parcial e Periférica	Parcial e Irregular	Vascular	Nula
Total and Uniform	*Partial and Peripheric*	*Partial and Irregular*	*Vascular*	*Null*
(TU)	**(PP)**	**(PI)**	**(V)**	**(N)**

P27A classificação final da tratabilidade das espécies de madeira, considerando-se a retenção e a distribuição, foi realizada de acordo com o Quadro 9.

The final analyses of treatability of the wood species took into account the retention and the distribution of the preservatives, as shown in Table 9.

Quadro 9 - Classificação da tratabilidade da madeira / *Table 9 - Classification of wood treatability*

Tratabilidade / *Treatability*	**Retenção / *Retention***	**Penetração / *Penetration***
Muito fácil / *Very easy*	Grupo I Grupo II	TU TU
Fácil / *Easy*	Grupo I Grupo II Grupo III	PP PP TU
Moderadamente fácil / *Moderately easy*	Grupo II Grupo III	PI PP
Difícil / *Difficult*	Grupo III Grupo IV	PI ou V PP
Não tratável / *Not treatable*	Grupo IV	PI, V ou N

MADEIRAS
WOOD SPECIES

A

AMESCLÃO - *Trattinnickia burseraefolia* (Mart.) Willd. - Burseraceae

amescla • breu • breu-preto • breu-sucuruba • mangue • morcegueira • sucuruba • sucurubeira (AM)

- **CARACTERÍSTICAS GERAIS:** cerne e alburno pouco distintos, marrom-rosado-claro. Grã revessa, textura média e brilho moderado.
- **DENSIDADE:** madeira leve, com densidade a 12% de umidade de 520 kg/m^3 e densidade verde de 955 kg/m^3.
- **SECAGEM:** rápida em estufa, apresentando tendência a rachaduras moderadas a fortes, e a encanoamento e torcimento moderados, no programa de secagem 1.
- **TRABALHABILIDADE:** fácil de serrar. Moderadamente fácil de aplainar, apresentando superfícies radiais ásperas.
- **DURABILIDADE:** dado não disponível.
- **PRESERVAÇÃO:** cerne de difícil preservação e alburno moderadamente fácil de preservar, quando tratados sob pressão.
- **USOS:** construção civil, caixas, engradados, móveis, divisórias e outros.

- ***GENERAL CHARACTERISTICS:*** *heartwood and sapwood slightly distinct, light pinkish brown. Grain interlocked, texture medium and luster moderate.*
- ***DENSITY:*** *light wood, with density at 12% moisture content of 520 kg/m^3 and green density of 955 kg/m^3.*
- ***DRYING:*** *kiln-dries rapidly, with a tendency for moderate to pronounced checking, and moderate cupping and twisting, when submitted to the drying schedule 1.*
- ***WORKABILITY:*** *easy to saw. Rated as moderately easy in planing, presenting rough radial surfaces.*
- ***DURABILITY:*** *no information available.*
- ***PRESERVATION:*** *heartwood difficult and sapwood moderately easy to be preserved, with pressure-vacuum systems.*
- ***USES:*** *civil construction, boxes and crates, furniture, wall partitions and others.*

Corte tangencial
Flatsawn

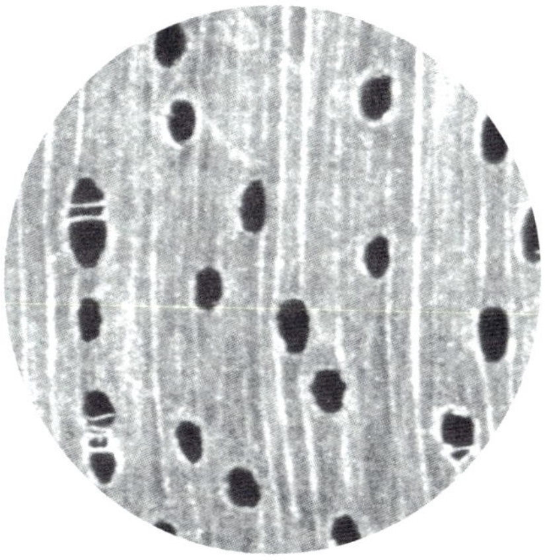

Seção transversal (x 10)
Cross section (x 10)

A

ANDIROBA - *Carapa guianensis* Aubl. - Meliaceae

aboridã (PA) • andiroba-aruba (PA) • andiroba-vermelha (PA) • carapa • caropá (PA) • penaíba (PA) • *crabwood*

- **CARACTERÍSTICAS GERAIS:** cerne marrom-escuro ou marrom-avermelhado, distinto do alburno castanho-pálido ou acinzentado. Grã direita tendendo a revessa, textura média, brilho moderado e cheiro imperceptível. Considerada sucedânea do mogno (*Swietenia macrophylla*) e do cedro (*Cedrela* spp.).
- **DENSIDADE:** madeira de densidade média, com densidade a 12% de umidade de 700 kg/m^3 e verde, de 1.030 kg/m^3.
- **SECAGEM:** muito rápida em estufa, apresentando rachaduras, encanoamento e torcimento moderados, no programa de secagem 1. A combinação de secagem ao ar e em estufa dá resultados satisfatórios, especialmente quando se utiliza temperaturas mais baixas e alta umidade durante o estágio inicial de secagem em estufa.
- **TRABALHABILIDADE:** boa de trabalhar, inclusive para laminar. Fácil de colar e de parafusar. Bom acabamento.
- **DURABILIDADE:** cerne moderadamente resistente[24].
- **PRESERVAÇÃO:** difícil de preservar sob pressão.
- **USOS:** construção civil (vigas, caibros, ripas, esquadrias de portas, lambris, venezianas, batentes, caixilhos, rodapés, guarnições, molduras), móveis, lâminas, compensados, caixas de embalagem, acabamentos internos de barcos e navios e outros.

- ***GENERAL CHARACTERISTICS:*** *dark brown or reddish brown heartwood distinct from the pale brown or grayish sapwood. Grain straight to interlocked, texture medium, luster moderate and not distinctive odor. It is considered the successor of mahogany (*Swietenia macrophylla*) and cedar (*Cedrela *spp.).*
- ***DENSITY:*** *medium density wood, with density at 12% moisture content of 700 kg/m^3 and green density of 1,030 kg/m^3.*
- ***DRYING:*** *kiln-dries very rapidly, with moderate checking, cupping and twisting, when submitted to the drying schedule 1. Combined air and kiln-drying gives satisfactory results, specially when employing low temperatures and high humidity during the initial stage of the kiln-drying.*
- ***WORKABILITY:*** *good working and finishing. Glues and screws well. Peels well for veneer.*
- ***DURABILITY:*** *heartwood moderately resistant[24].*
- ***PRESERVATION:*** *difficult to be preserved with pressure-vacuum systems.*
- ***USES:*** *civil construction (beams, shingles and shakes, panels, window shutters, door posts, window sashes, baseboards and framing) furniture, sliced veneer, plywood, boxes and crates, interior trim for boats and ships and others.*

Corte tangencial
Flatsawn

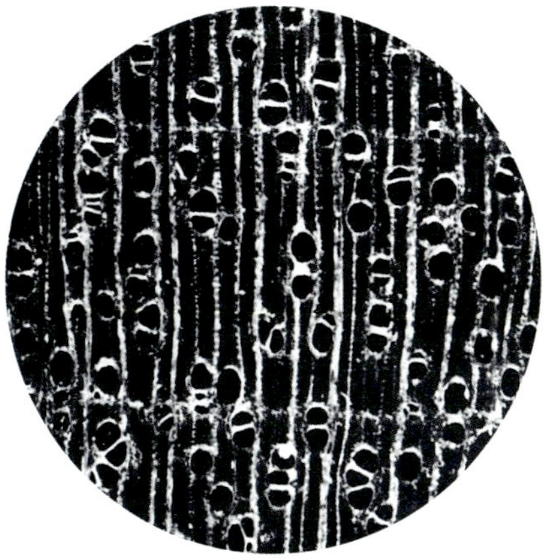

Seção transversal (x 10)
Cross section (x 10)

ANGELIM-PEDRA - *Hymenolobium* spp. - Leguminosae Papilionoideae

angelim • angelim-amarelo • angelim-da-mata • angelim-do-pará • angelim-macho • mirarema

H. petraeum Ducke, *H. excelsum* Ducke, *H. sericeum* Ducke, *H. pulcherrimum* Ducke, *H. heterocarpum* Ducke, *H. nitidum* Benth, *H. modestum* Ducke, *H. complicatum* Ducke, *H. elatum* Ducke

- **CARACTERÍSTICAS GERAIS:** cerne marrom-amarelado-claro, distinto do alburno marrom-pálido. Aspecto fibroso acentuado na face tangencial, devido ao destaque do parênquima axial, das fibras e das linhas vasculares. Grã revessa, textura grossa, brilho ausente e cheiro imperceptível.
- **DENSIDADE:** madeira de densidade média, com densidade a 12% de umidade de 710 kg/m^3 para o *H. petraeum* e de 770 kg/m^3 para o *H. modestum* e densidade verde de 1.190 kg/m^3 em ambas as espécies.
- **SECAGEM:** muito rápida em estufa, apresentando pequena tendência a torcimento e arqueamento médios, no programa de secagem 4.
- **TRABALHABILIDADE:** fácil de trabalhar. Acabamento de regular a bom na plaina, torno e broca.
- **DURABILIDADE:** cerne muito durável a durável, quando exposto a fungos da podridão-branca e parda, e moderadamente resistente a brocas marinhas[6] . Resistente a cupins de madeira seca.
- **PRESERVAÇÃO:** alburno muito fácil e cerne difícil de preservar com creosoto e com CCA-A, em tratamento sob pressão.
- **USOS:** construção civil, móveis e outros.

- ***GENERAL CHARACTERISTICS:*** *heartwood light yellowish brown distinct from the pale brown sapwood. It has an accentuated fibrous aspect at the tangential figure, due to prominence of axial parenchyma, fibers and vascular lines. Grain interlocked, texture coarse, luster lacking and with not distintictive odor.*
- ***DENSITY:*** *medium density wood, with density at 12% moisture content of 710 kg/m^3 to* H. petraeum *and 770 kg/m^3 to* H. modestum *and green density of 1,190 kg/m^3 for both species.*
- ***DRYING:*** *kiln-dries very rapidly, with a slight tendency for medium twisting and springing, when submitted to the drying schedule 4.*
- ***WORKABILITY:*** *easy to work. Regular to good finishing when planed, turned or bored.*
- ***DURABILITY:*** *heartwood is rated as very durable to durable in resistance to white- and brown-rot fungi and is moderately resistant to marine borers[6]. Resistant to dry-wood termites.*
- ***PRESERVATION:*** *sapwood very easy and heartwood difficult to be preserved, with creosote and CCA-A, with pressure-vacuum systems.*
- ***USES:*** *civil construction, furniture and others.*

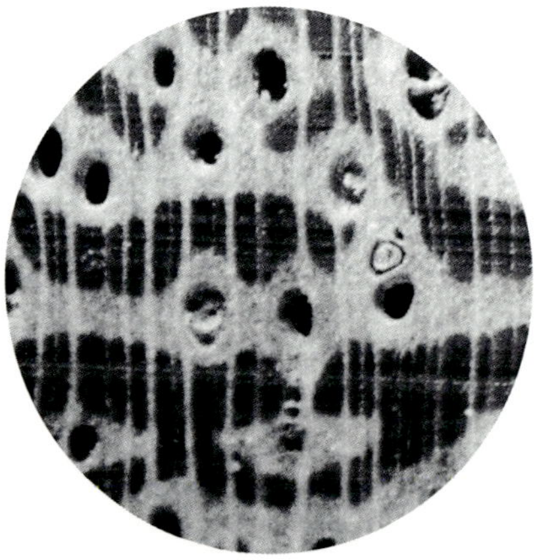

Seção transversal (x 10)
Cross section (x 10)

Fotos / *Photos: Hymenolobium petraeum*

Corte tangencial
Flatsawn

A

ANGELIM-VERMELHO - *Dinizia excelsa* Ducke - Leguminosae Mimosoidae

angelim (AM, PA) • angelim-falso (PA) • angelim-ferro • dinízia-parda • faveira-dura (PA) • faveira-ferro

- **CARACTERÍSTICAS GERAIS:** cerne marrom-avermelhado-claro, pouco distinto do alburno cinza-avermelhado. Anéis de crescimento distintos, grã revessa, textura média, brilho moderado e cheiro desagradável.
- **DENSIDADE:** madeira pesada, com densidade a 12% de umidade de 990 kg/m^3 e densidade verde de 1.260 kg/m^3.
- **SECAGEM:** rápida, apresentando tendência moderada a torcimento médio e a leve colapso, no programa de secagem 3.
- **TRABALHABILIDADE:** plaina: regular de trabalhar, acabamento muito ruim; torno: fácil de trabalhar, acabamento excelente; broca: regular de trabalhar e acabamento regular.
- **DURABILIDADE:** muito boa resistência ao ataque de fungos e térmitas e boa resistência a insetos de madeira seca[5].
- **PRESERVAÇÃO:** o cerne não é tratável com creosoto e nem com CCA-A, mesmo em tratamento sob pressão.
- **USOS:** construção civil e naval, dormentes, postes, torneados e outros.

- ***GENERAL CHARACTERISTICS:*** *heartwood light reddish brown, slightly distinct from the reddish gray sapwood. Distinct growth rings, grain interlocked, texture medium, luster medium and disagreeable odor.*
- ***DENSITY:*** *heavy wood, with density at 12% moisture content of 990 kg/m^3 and green density of 1,260 kg/m^3.*
- ***DRYING:*** *kiln-dries rapidly, with a moderate tendency for medium twisting and slight collapse, when submitted to the drying schedule 3.*
- ***WORKABILITY:*** *plane: regular to work, very bad finishing; turn: easy to work, excellent finishing; bore: regular to work, regular finishing.*
- ***DURABILITY:*** *very good resistance to fungi and termites and good resistance to dry-wood insects[5].*
- ***PRESERVATION:*** *heartwood not treatable with creosote and CCA-A, even with pressure-vacuum systems.*
- ***USES:*** *civil and naval construction, railroads crossties, posts, turnery and others.*

Corte radial
Quartersawn

Seção transversal (x 10)
Cross section (x 10)

A

ARARACANGA - *Aspidosperma desmanthum* Benth. ex Muell. Arg. - Apocynaceae

araraíba • araraúba-da-terra-firme • jacamim • paratudo-branco • pequiá-marfim(AM) • piquiá-marfim-do-roxo

- **CARACTERÍSTICAS GERAIS:** cerne amarelo-avermelhado, distinto do alburno rosa. Anéis de crescimento distintos, grã revessa, textura média, brilho ausente e cheiro imperceptível.
- **DENSIDADE:** madeira de densidade média, com densidade a 12% dc umidade de 820 kg/m^3, e densidade verde de 1.220 kg/m^3.
- **SECAGEM:** muito rápida em estufa, apresentando pequena tendência a rachaduras de topo fortes e moderada tendência a torcimento forte, no programa de secagem 2.
- **TRABALHABILIDADE:** plaina: fácil de trabalhar, acabamento excelente; lixa: fácil de trabalhar, acabamento bom; torno: fácil de trabalhar, acabamento excelente; broca: fácil de trabalhar, acabamento excelente.
- **DURABILIDADE:** resistência muito boa ao ataque de fungos, boa ao ataque de insetos de madeira seca e média ao ataque de cupins[(5)].
- **PRESERVAÇÃO:** muito fácil de preservar sob pressão com creosoto e CCA-A.
- **USOS:** carpintaria, móveis, assoalhos e outros[(6)].

- ***GENERAL CHARACTERISTICS:*** *heartwood reddish yellow distinct from the pink sapwood. Distinct growth rings, grain interlocked, texture medium, luster lacking and not distinctive odor.*
- ***DENSITY:*** *medium density wood, with density at 12% moisture content of 820 kg/m^3 and green density of 1,220 kg/m^3.*
- ***DRYING:*** *kiln-dries very rapidly, with a slight tendency for a pronounced end checking and a moderate tendency for a pronounced twisting, when submitted to the drying schedule 2.*
- ***WORKABILITY:*** *plane: easy to work, excellent finishing; sand: easy to work, good finishing; turn: easy to work, excellent finishing; and bore: easy to work, excellent finishing.*
- ***DURABILITY:*** *very good resistance to fungi, good resistance to dry-wood insects, and medium resistance against termites [(5)].*
- ***PRESERVATION:*** *very easy to be preserved with creosote or CCA-A, with pressure-vacuum systems.*
- ***USES:*** *carpentry, furniture, flooring and others[(6)].*

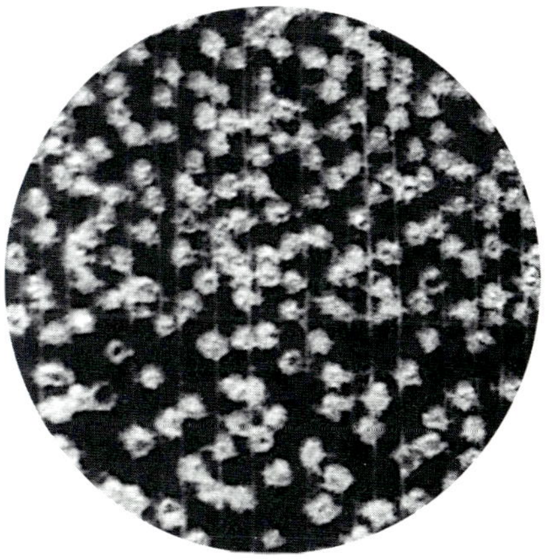

Seção transversal (x 10)
Cross section (x 10)

Corte tangencial
Flatsawn

B

BACURI - *Platonia insignis* Mart. - Guttiferae

bacori • bacuri-açu • bacuri-amarelo • bulandim • *pacouri* • *pacuru*

- **CARACTERÍSTICAS GERAIS:** cerne marrom-amarelado-escuro ou marrom-alaranjado, com faixas acinzentadas causadas pelo parênquima, distinto do alburno branco-amarelado. Grã direita, textura média, brilho moderado e cheiro imperceptível.
- **DENSIDADE:** madeira pesada, com densidade a 12% de umidade de 820 kg/m^3.
- **SECAGEM:** deve ser realizada com prudência a fim de evitar empenamentos e rachaduras[5].
- **TRABALHABILIDADE:** fácil de trabalhar tanto com ferramentas manuais como mecânicas[19]. Apresenta dificuldades para pregar[19]. Bom polimento[19].
- **DURABILIDADE:** altamente resistente ao ataque de fungos apodrecedores e moderadamente resistente ao ataque de cupins[24].
- **PRESERVAÇÃO:** madeira pouco permeável a soluções preservativas, quando tratada sob pressão[24].
- **USOS:** construção civil e naval, tanoaria, dormentes, carpintaria, marcenaria, vigamentos, folheados, caixotaria, estacas, esteios, utensílios domésticos e outros[21].

- ***GENERAL CHARACTERISTICS:*** *heartwood dark yellowish brown to orange brown with grayish stripes of parenchyma, distinct from the yellowish white sapwood. Grain straight, texture medium and luster moderate.*
- ***DENSITY:*** *heavy wood, with density at 12% moisture content of 820 kg/m^3.*
- ***DRYING:*** *must be carefully carried to avoid cheking and warping[5].*
- ***WORKABILITY:*** *works fairly well with both hand or machine tools , and though it takes nails poorly , it polishes very well [19].*
- ***DURABILITY:*** *highly resistant to decay and moderately resistant to termites[24].*
- ***PRESERVATION:*** *slightly permeable to preservative solutions with pressure-vacuum systems[24].*
- ***USES:*** *civil and naval construction, cooperage, railroad crossties, carpentry, cabinet work, beams, veneers, boxes and crates, poles and posts, household utensils and others[21].*

Corte tangencial
Flatsawn

Seção transversal (x 10)
Cross section (x 10)

C

CAJUAÇU - *Anacardium* spp. - Anacardiaceae

caju • caju-da-mata • cajuí • cajuí-da-mata • *caracoli*

A. spruceanum Benth. ex. Engl., *A. giganteum* Hanck. ex. Engl., *A. microcarpum* Ducke, *A. parvifolium* Ducke, *A. tenuifolium* Ducke, *A. microsepalum* Loes, *A. excelsum* Skeels

- **CARACTERÍSTICAS GERAIS:** cerne e alburno indistintos, de coloração cinza-clara levemente rosada. Anéis de crescimento pouco distintos; grã direita ou revessa, dependendo da espécie; textura média e brilho ausente.
- **DENSIDADE:** madeira leve, com densidade a 12% de umidade de 490 kg/m^3 e densidade verde de 1.040 kg/m^3 para o *A. spruceanum.* Densidade a 12% de umidade de 510 kg/m^3 para o *A. giganteum*[8].
- **SECAGEM:** moderadamente difícil de secar ao ar, com tendência a desenvolvimento de defeitos[8]. Secagem em estufa moderadamente lenta, com tendência a rachaduras, encanoamento e torcimento , no programa de secagem 1.
- **TRABALHABILIDADE:** moderadamente fácil de serrar, aplainar, pregar e parafusar, apresentando acabamento regular[8].
- **DURABILIDADE:** baixa resistência ao ataque de fungos, térmitas e insetos de madeira seca[5].
- **PRESERVAÇÃO:** madeira fácil de ser preservada sob pressão.
- **USOS:** forros, compensados, embalagens, formas para concreto, brinquedos e outros.

- ***GENERAL CHARACTERISTICS:*** *indistinct light gray with a tinge of pink heartwood and sapwood. Slightly distinct growth rings, grain straight or interlocked depending on the species, texture medium and luster lacking.*
- ***DENSITY:*** *light wood, with density at 12% moisture content of 490 kg/m^3 and green density of 1,040 kg/m^3 for* A. spruceanum. *Density at 12% moisture content of 510 kg/m^3 for* A. giganteum[8].
- ***DRYING:*** *moderately difficult to air-dry, with a tendency to develop defects[8]. Kiln-dries moderately slow, with a tendency for checking, cupping and twisting, when submitted to the drying schedule 1.*
- ***WORKABILITY:*** *moderately easy to saw, plane, nail and screw, giving regular finishing[8].*
- ***DURABILITY:*** *low resistance to fungi, termites and drywood insects[5].*
- ***PRESERVATION:*** *easy to be preserved with pressure-vacuum systems.*
- ***USES:*** *ceiling, plywood, boxes and crates, concrete frames, toys and others.*

Fotos / *Photos: Anacardium* sp.

Corte tangencial
Flatsawn

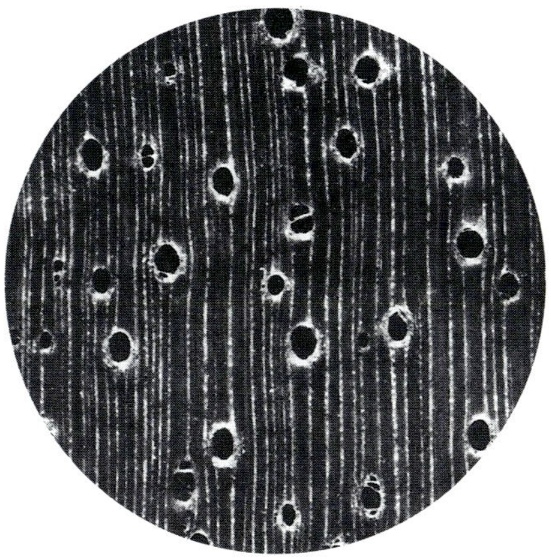

Seção transversal (x 10)
Cross section (x 10)

C

COPAÍBA - *Copaifera* spp. - Leguminosae Caesalpinoideae

copaíba-preta • copaíba-vermelha • copaibeira (MT) • óleo • óleo-de-copaíba • óleo-pardo • pau-d'óleo

C. multijuga Hayne, *C. langsdorffii* Desf., *C. martii* Hayne, *C. duckei* Dwyer, *C. reticulata* Ducke, *C. officinalis* L.

- **CARACTERÍSTICAS GERAIS:** cerne marrom-avermelhado com veios mais escuros, distinto do alburno acinzentado. Anéis de crescimento pouco distintos, grã direita ou levemente revessa e textura média. Cheiro característico quando verde e imperceptível depois de seca.
- **DENSIDADE:** madeira de densidade média, com densidade a 12% de umidade de 500 a 750 kg/m^3 e densidade verde em torno de 1.100 kg/m^3.
- **SECAGEM:** moderadamente lenta ao ar, sem a ocorrência de sérios defeitos. A secagem em estufa de *C. duckei* e *C. reticulata* é rápida apresentando rachaduras, encanoamento e torcimento moderados, no programa de secagem 1.
- **TRABALHABILIDADE:** fácil de ser trabalhada com ferramentas manuais e mecânicas, resultando em superfície lisa e uniforme[16]. Boa para pregar e parafusar[16]. A exudação de óleo-resina durante a secagem pode prejudicar a colagem, dependendo do adesivo[16].
- **DURABILIDADE:** *Copaifera langsdorffii* e *C. reticulata*, em ensaios de laboratório, demonstraram ter alta resistência ao ataque de organismos xilófagos[24]. Outras espécies, entretanto, podem mostrar-se vulneráveis à podridão branca e parda, insetos e cupins de madeira seca[6].
- **PRESERVAÇÃO:** *C. duckei* e *C. reticulata* apresentam alburno de fácil preservação e cerne muito difícil de ser preservado, mesmo em tratamento sob pressão.
- **USOS:** usos internos em construção civil, forros, móveis, cabos de ferramentas, folhas faqueadas decorativas, compensados, embalagens, carrocerias e outros.

- ***GENERAL CHARACTERISTICS:*** *heartwood reddish brown with dark stripes, distinct from the grayish sapwood. Slightly distinct growth rings, grain straight or slightly interlocked and texture medium. Fresh wood has characteristic odor, which disappears after drying.*
- ***DENSITY:*** *medium density wood, with density at 12% moisture content from 500 to 750 kg/m^3 and green density around 1,100 kg/m^3.*
- ***DRYING:*** *air-dries at a moderate slow rate, with no serious defects. Kiln-drying of* C. duckei *and* C. reticulata *is fast, with moderate checking, cupping and twisting, when submitted to the drying schedule 1.*
- ***WORKABILITY:*** *it can be easily worked with hand and machine tools, generating a smooth and uniform surface[16]. Good nail- and screw-holding properties[16]. The oil-resin exudation during drying may render gluing problems, depending on the adhesive[16].*
- ***DURABILITY:*** *laboratory tests showed that* C. langsdorfii *and* C. reticulata *are very durable in resistance to wood-degraders organisms[24]. However, other species are reported to be vulnerable to white- and brown-rot fungi, insects and dry-wood termites[6].*
- ***PRESERVATION:*** *sapwood of* C. duckei *and* C. reticulata *is easily preserved while the heartwood is difficult to be preserved, even with pressure-vacuum systems.*
- ***USES:*** *interior trim, ceilings, furniture, tool handles, sliced venners, plywood, packaging, truck bodies and others.*

Fotos / *Photos: Copaifera* sp.

Corte tangencial
Flatsawn

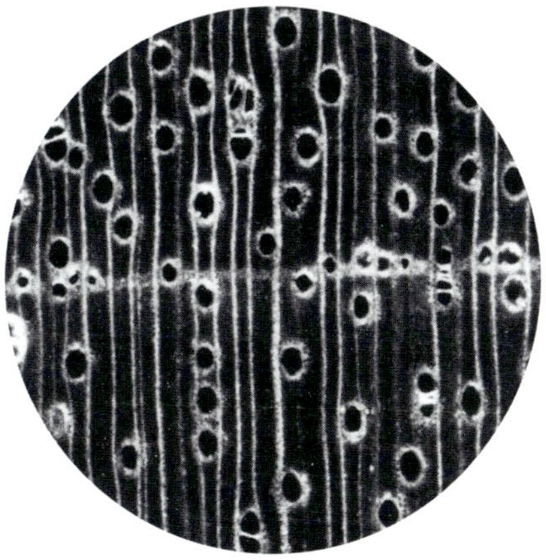

Seção transversal (x 10)
Cross section (x 10)

C

CUMARU - *Dipteryx odorata* (Aubl.)Willd.
Leguminosae Papilionoideae

baru • champanhe • cumaru-da-folha-grande (AM) • cumaru-ferro • cumbari (AM) • ipê-cumaru • sarrapia (AM) • *tonka* • *ebo*

- **CARACTERÍSTICAS GERAIS:** cerne marrom-amarelado, distinto do alburno marrom-muito-pálido. Anéis de crescimento distintos, grã revessa, textura média a fina, brilho ausente e cheiro imperceptível.
- **DENSIDADE:** madeira pesada, com densidade a 12% de umidade de 1.080 kg/m^3 e densidade verde de 1.280 kg/m^3.
- **SECAGEM:** secagem ao ar livre relativamente lenta[(8)]. Secagem em estufa rápida, apresentando tendência a torcimento médio, no programa de secagem 3.
- **TRABALHABILIDADE:** difícil processamento mecânico, porém permite excelente acabamento no torneamento. Acabamento ruim nos trabalhos de plaina e lixa.
- **DURABILIDADE:** resistente a fungos, insetos e brocas marinhas. Quando utilizado como dormentes em solos bem drenados, sua durabilidade varia de 10 a 22 anos.
- **PRESERVAÇÃO:** o cerne não é tratável com creosoto e nem com CCA-A, mesmo em tratamentos sob pressão.
- **USOS:** construções externas e internas, assoalhos, laminados decorativos, molduras, torneados, cabos de ferramentas e outros.

- ***GENERAL CHARACTERISTICS:*** *yellowish brown heartwood distinct from a very pale brown sapwood. Distinct growth rings, grain interlocked, texture medium to fine, luster lacking and not distinctive odor.*
- ***DENSITY:*** *heavy wood, with density at 12% moisture content of 1,080 kg/m^3 and green density of 1,280 kg/m^3.*
- ***DRYING:*** *air-drying moderately slow[(8)]. Kiln-dries rapidly, with a tendency for medium twisting, when submitted to the drying schedule 3.*
- ***WORKABILITY:*** *difficult to be worked. Excellent finishing when turned and poor finishing when planed and sanded.*
- ***DURABILITY:*** *resistant to fungi, insects and marine borers. Railroad crossties lasted from 10 to 22 years when used in well drained soils.*
- ***PRESERVATION:*** *heartwood impermeable to creosote and CCA-A, even with pressure-vacuum systems.*
- ***USES:*** *exterior and interior construction, flooring, sliced veneers, framing, turnery, tool handles and others.*

Corte radial
Quartersawn

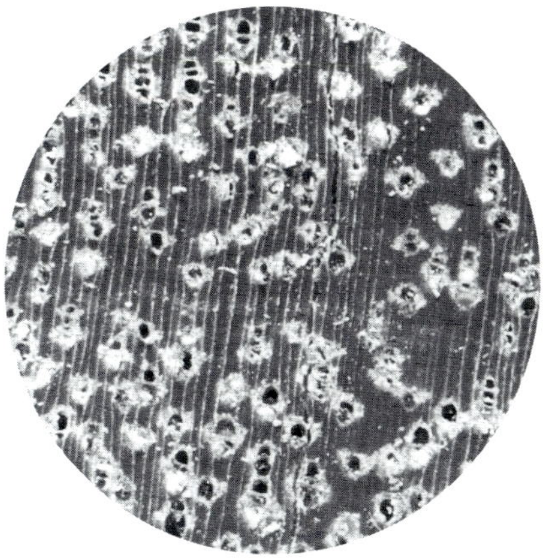

Seção transversal (x 10)
Cross section (x 10)

C CUPIÚBA - *Goupia glabra* Aubl. - Goupiaceae

cachaceiro • copiúba • cupiúba-rosa • peniqueiro • peroba-do-norte (MT) • peroba-fedida • *kopei* • *cabukalli*

- **CARACTERÍSTICAS GERAIS:** cerne e alburno pouco distintos, marrom-avermelhado-claro. Anéis de crescimento pouco distintos, grã revessa, textura média, brilho ausente e cheiro desagradável.
- **DENSIDADE:** madeira de densidade média, com densidade a 12% de umidade de 840 kg/m^3 e densidade verde de 1.130 kg/m^3.
- **SECAGEM:** lenta em estufa, apresentando tendência moderada a encanoamento médio e a torcimento forte, no programa de secagem 1.
- **TRABALHABILIDADE:** fácil de serrar, aplainar, lixar, tornear e parafusar. Aceita bem a colagem, mas não é adequada para a fabricação de compensado, por apresentar rachaduras na tora. Boa aceitação de tinta, verniz, emassamento e polimento. Recomenda-se perfuração prévia à colocação de pregos na madeira seca[8].
- **DURABILIDADE:** testes em laboratório indicaram boa resistência ao apodrecimento[6]. Resistente ao ataque de cupins de madeira seca e pouco resistente a brocas marinhas[6].
- **PRESERVAÇÃO:** moderadamente fácil de preservar com creosoto e CCA-A, quando tratada sob pressão.
- **USOS:** construções externas e internas, assoalho, molduras, acabamentos interiores, móveis, carrocerias e outros. Alguns usos listados podem ser desaconselháveis devido ao forte cheiro exalado por esta madeira quando úmida[8].

- ***GENERAL CHARACTERISTICS:*** *slightly distinct heartwood and sapwood light reddish brown. Slightly distinct growth rings, grain interlocked, texture medium, luster lacking and disagreeable odor.*
- ***DENSITY:*** *medium density wood, with density at 12% moisture content of 840 kg/m^3 and green density of 1,130 kg/m^3.*
- ***DRYING:*** *kiln-dries slowly, with moderate tendency for medium cupping and pronounced twisting, when submitted to the drying schedule 1.*
- ***WORKABILITY:*** *easy to saw, plain, sand, turn and screw. Glues well but is not recommended to make plywood due to log checking. Finishes well with paint, varnish, filler and polishing. Previous boring is advisable before nailing dry wood[8].*
- ***DURABILITY:*** *laboratory tests report good resistance to decay[6]. Resistant to dry-wood termites and slightly resistant to marine borers[6].*
- ***PRESERVATION:*** *moderately easy to be preserved with creosote and CCA-A, with pressure-vacuum systems.*
- ***USES:*** *interior and exterior construction, flooring, framing, interior trim, furniture, truck bodies and others. Not recommended for some uses due to the strong odor of the fresh wood[8].*

Corte tangencial
Flatsawn

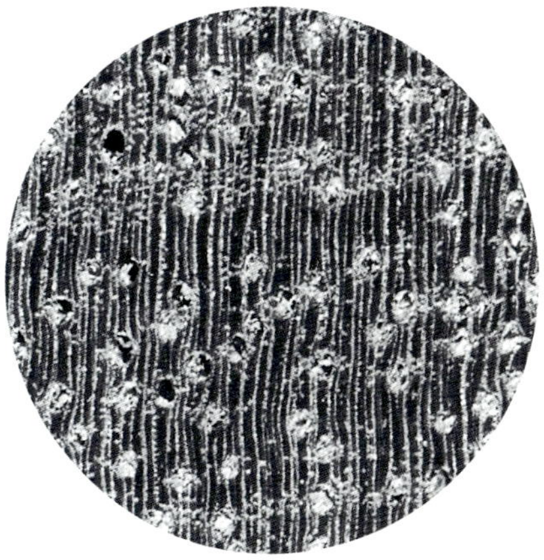

Seção transversal (x 10)
Cross section (x 10)

C

CURUPIXÁ - *Micropholis venulosa* (Mart & Eichl.) Pièrre - Sapotaceae

abiorana-mangabinha • abiu-guajará (AM) • gogó-de-guariba • guajará • grumixá • grumixava • rosadinho

- **CARACTERÍSTICAS GERAIS:** cerne marrom a marrom-rosado pouco distinto do alburno marrom-claro. Anéis de crescimento pouco distintos, grã ondulada a direita, textura fina, brilho moderado e cheiro imperceptível.
- **DENSIDADE:** madeira de densidade média, com densidade a 12% de umidade de 790 kg/m^3 e densidade verde de 1.210 kg/m^3.
- **SECAGEM:** rápida ao ar, com tendência a arqueamento moderado e a rachaduras leves a moderadas(6).
- **TRABALHABILIDADE:** fácil processamento no torno e na broca, resultando em excelente acabamento.
- **DURABILIDADE:** cerne moderadamente resistente à podridão-branca e muito resistente à podridão-parda(6). Suscetível ao ataque de cupins de madeira seca(6).
- **PRESERVAÇÃO:** alburno moderadamente fácil de tratar(6).
- **USOS:** construção civil, torneados, móveis, artigos domésticos decorativos, brinquedos, utensílios domésticos, produção de chapas e outros.

- ***GENERAL CHARACTERISTICS:*** *heartwood brown to pinkish brown slightly distinct from the light brown sapwood. Slightly distinct growth rings, grain wavy to straight, texture fine, luster moderate and not distinctive odor.*
- ***DENSITY:*** *medium density wood, with density at 12% moisture content of 790 kg/m^3 and green density of 1,210 kg/m^3.*
- ***DRYING:*** *air-dries rapidly with a tendency for moderate springing and slight to moderate checking(6).*
- ***WORKABILITY:*** *easy turning and boring, finishing well in both operations.*
- ***DURABILITY:*** *moderately resistant to white-rot fungi and very resistant to brown-rot fungi(6). Susceptible to dry-wood termites(6).*
- ***PRESERVATION:*** *sapwood moderately easy to be preserved(6).*
- ***USES:*** *civil construction, turnery, furniture, decorative household items, toys, household utensils, paneling and others.*

Corte radial
Quartersawn

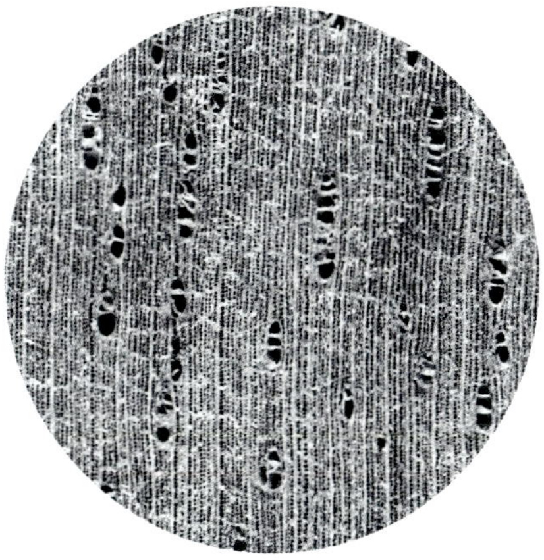

Seção transversal (x 10)
Cross section (x 10)

FAIEIRA - *Roupala montana* Aubl.- Proteaceae.

carne-de-vaca • carvalho-do-brasil • faeira • louro-faia

- **CARACTERÍSTICAS GERAIS:** cerne marrom, distinto do alburno marrom-avermelhado-claro. Figura tangencial de aspecto áspero, causada pelo parênquima radial. Figura radial em faixas largas e contrastadas de aspecto bastante singular. Anéis de crescimento distintos, grã direita, textura grossa, brilho moderado, cheiro imperceptível e gosto indistinto.
- **DENSIDADE:** madeira pesada, com densidade a 12% de umidade de 930 kg/m^3 e densidade verde de 1.240 kg/m^3.
- **SECAGEM:** muito rápida em estufa, apresentando tendência moderada a encanoamento forte e a torcimento médio, no programa de secagem 3.
- **TRABALHABILIDADE:** plaina: fácil de trabalhar, acabamento regular; lixa: fácil de trabalhar, acabamento regular; torno: regular para trabalhar, acabamento bom; broca: regular para trabalhar, acabamento bom.
- **DURABILIDADE:** dado não disponível.
- **PRESERVAÇÃO:** alburno fácil de preservar com creosoto e com CCA-A, quando tratado sob pressão. Cerne difícil de preservar com CCA-A, ainda que sob pressão.
- **USOS:** construção civil, móveis, artigos domésticos decorativos, torneados, lâminas e outros.

- ***GENERAL CHARACTERISTICS:*** *brown heartwood, distinct from the light reddish brown sapwood. Rough tangential figure caused by radial parenchyma. Radial figure with wide and demarcated stripes with a very singular aspect. Distinct growth rings, grain straight, texture coarse, luster moderate, with not distinctive odor and taste.*
- ***DENSITY:*** *heavy wood, with density at 12% moisture content of 930 kg/m^3 and green density of 1,240 kg/m^3.*
- ***DRYING:*** *kiln-dries very rapidly, with a moderate tendency for pronounced cupping and a medium twisting when submitted to the drying schedule 3.*
- ***WORKABILITY:*** *plane: easy to work, regular finishing; sand: easy to work, regular finishing; turn: regular to work, good finishing; bore: regular to work, good finishing.*
- ***DURABILITY:*** *no information available.*
- ***PRESERVATION:*** *sapwood easy to be preserved with creosote and CCA-A with pressure-vacuum systems. Heartwood difficult to be preserved with CCA-A, even with pressure-vacuum systems.*
- ***USES:*** *civil construction, furniture, decorative household items, turnery, sliced veneers and others.*

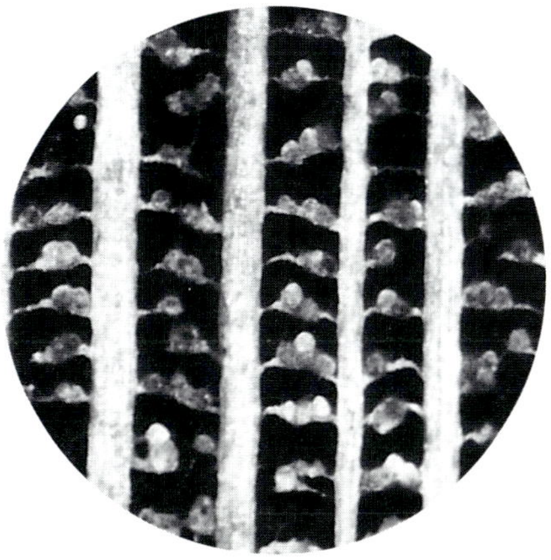

Seção transversal (x 10)
Cross section (x 10)

Corte radial
Quartersawn

G

GOIABÃO - *Pouteria pachycarpa* Pires = *Planchonella pachycarpa* Pires
Sapotaceae

abiu-casca-grossa • abiurana • abiurana-amarela • abiurana-goiaba

- **CARACTERÍSTICAS GERAIS:** cerne e alburno indistintos, amarelo-pálido. Figura em linhas longitudinais, marrom-amareladas, causada por anéis de crescimento. Grã direita ou revessa, textura média a fina, brilho moderado, cheiro imperceptível e gosto indistinto.
- **DENSIDADE:** madeira pesada, com densidade a 12% de umidade de 930 kg/m^3 e densidade verde de 1.190 kg/m^3.
- **SECAGEM:** muito rápida em estufa, apresentando pequena tendência a encanoamento médio, a rachadura de topo forte e moderada tendência a torcimento médio, no programa de secagem 4. Neste caso, recomenda-se uma secagem mais lenta para se evitar ou diminuir estes defeitos.
- **TRABALHABILIDADE:** plaina: regular de trabalhar, acabamento regular; lixa: regular de trabalhar, acabamento excelente; torno: muito fácil de trabalhar, acabamento excelente; broca: muito fácil de trabalhar, acabamento bom. Recomenda-se perfuração prévia à colocação de pregos. Algumas pessoas são alérgicas à serragem desta madeira.
- **DURABILIDADE:** baixa resistência a fungos e cupins.
- **PRESERVAÇÃO:** madeira fácil de preservar sob pressão com creosoto e CCA-A.
- **USOS:** móveis, artigos domésticos decorativos, torneados, lâminas, construção civil, tacos, chapas e outros.

- ***GENERAL CHARACTERISTICS:*** *pale yellow heartwood not distinguishable from the sapwood. Figure with yellowish brown longitudinal lines caused by growth rings. Grain straight or interlocked, texture medium to fine, luster moderate, not distinctive odor and taste.*
- ***DENSITY:*** *heavy wood, with density at 12% moisture content of 930 kg/m^3 and green density of 1,190 kg/m^3.*
- ***DRYING:*** *kiln-dries very rapidly, with a slight tendency for medium cupping and pronounced end checking and moderate tendency for medium twisting, when submitted to the drying schedule 4. Slower kiln-drying is advisable to avoid or minimize defects.*
- ***WORKABILITY:*** *plane: regular to work, regular finishing; sand: regular to work, excellent finishing; turn: very easy to work, excellent finishing; bore: very easy to work, good finishing. Previous boring is advisable in nailing. Some people can present allergic reactions to its fine dust.*
- ***DURABILITY:*** *low resistance to fungi and termites.*
- ***PRESERVATION:*** *easy to be preserved with creosote and CCA-A, with pressure-vacuum systems.*
- ***USES:*** *furniture, decorative household articles, turnery, sliced veneers, civil construction, parquet flooring, panelling and others.*

Corte radial
Quartersawn

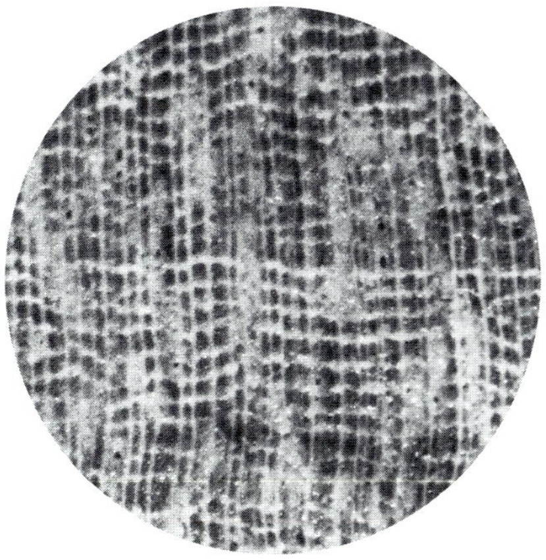

Seção transversal (x 10)
Cross section (x 10)

GUARIÚBA - *Clarisia racemosa* Ruíz. & Pav. - Moraceae

catruz • gameleiro • guariúba-amarela (AM) • oiti • oiticica • *aji*

- **CARACTERÍSTICAS GERAIS:** cerne amarelo, quando recém-cortado, escurecendo para castanho levemente amarelado, distinto do alburno branco. Figura tangencial causada por linhas vasculares destacadas. Figura radial em faixas longitudinais, de aspecto desigual, causadas pela grã. Anéis de crescimento distintos, grã direita ou revessa, textura média, brilho moderado, cheiro imperceptível e gosto indistinto.
- **DENSIDADE:** madeira de densidade média, com densidade a 12% de umidade de 700 kg/m^3 e densidade verde de 1.160 kg/m^3.
- **SECAGEM:** rápida ao ar. Secagem em estufa também rápida, apresentando moderada tendência a rachaduras e torcimento fortes, no programa de secagem 1.
- **TRABALHABILIDADE:** plaina: regular de trabalhar, acabamento muito ruim; lixa: fácil de trabalhar, acabamento ruim; torno: fácil de trabalhar, acabamento excelente; broca: fácil de trabalhar, acabamento regular. Cola bem.
- **DURABILIDADE:** baixa resistência ao ataque de fungos e cupins de madeira seca.
- **PRESERVAÇÃO:** cerne não tratável com creosoto e nem com CCA-A, quando preservado sob pressão.
- **USOS:** construção civil e naval, móveis, torneados, pisos, instrumentos musicais, caixas, engradados, chapas e outros.

- ***GENERAL CHARACTERISTICS:*** *heartwood yellow when freshly cut, darkening to yellowish brown, distinct from the white sapwood. Tangential figure caused by demarcated vascular lines. Radial figure with irregular longitudinal stripes caused by grain. Distinct growth rings, grain straight or interlocked, texture medium, luster moderate, and not distinctive odor and taste.*
- ***DENSITY:*** *medium density wood, with density at 12% moisture content of 700 kg/m^3 and green density of 1,160 kg/m^3.*
- ***DRYING:*** *air-dries rapidly. Kiln-dries rapidly, with a moderate tendency for a pronounced checking and twisting, when submitted to the drying schedule 1.*
- ***WORKABILITY:*** *plane: regular to work, very bad finishing; sand: easy to work, bad finishing; turn: easy to work, excellent finishing; and bore: easy to work, regular finishing. Glues well.*
- ***DURABILITY:*** *low resistance to fungi and dry-wood termites.*
- ***PRESERVATION:*** *heartwood not treatable with creosote or CCA-A, even with pressure-vacuum systems.*
- ***USES:*** *civil and naval construction, furniture, turnery, flooring, musical instruments, boxes and crates, panelling and others.*

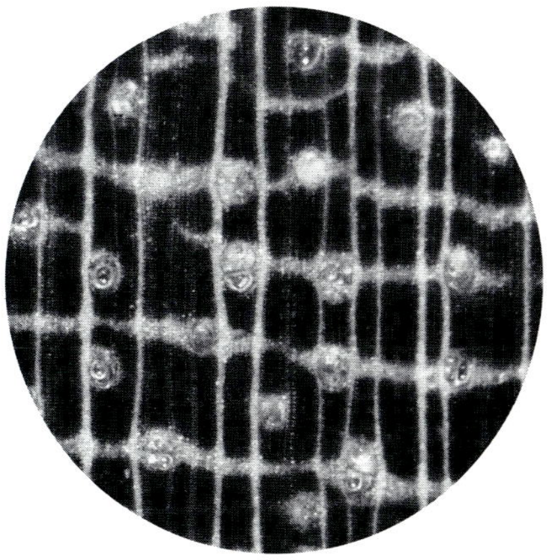

Seção transversal (x 10)
Cross section (x 10)

Corte radial
Quartersawn

JARANA - *Lecythis lurida* (Miers) Mori = *Holopyxidium jarana* (Hub.) Ducke - Lecythidaceae

castanha-jarana (PA) • imbaíba-de-rego • inhaíba • inuíba-vermelha • jarana-da-folha-grande • jarana-da-folha-miúda (PA)

- **CARACTERÍSTICAS GERAIS:** cerne castanho-claro, levemente amarelado, tornando-se castanho-avermelhado, nitidamente demarcado do alburno de cor clara, levemente amarelada[24]. Grã direita, textura média, superfície lisa ao tato, brilho moderado, cheiro imperceptível e gosto indistinto[24].
- **DENSIDADE:** madeira pesada, com densidade a 12% de umidade de 920 kg/m^3 [24].
- **SECAGEM:** fácil e rápida ao ar com empenamentos leves[16].
- **TRABALHABILIDADE:** moderadamente difícil de ser trabalhada devido à sua alta densidade[16]. Bom acabamento[16].
- **DURABILIDADE:** em teste de laboratório, mostrou-se muito resistente aos fungos causadores da podridão-parda e da podridão-branca, mas pouco resistente a brocas marinhas[6].
- **PRESERVAÇÃO:** pouco permeável às soluções preservativas, mesmo quando preservada sob pressão[24].
- **USOS:** aplicações externas (dormentes, cruzetas, postes e estacas), construção civil (vigas, caibros, batentes e tacos), peças torneadas, embalagens pesadas, carrocerias, cabos de ferramentas e similares[16].

- ***GENERAL CHARACTERISTICS:*** *heartwood light brown, slightly yellowish, becoming blood red, sharply demarcated from the yellowish cream sapwood [24]. Grain straight, texture medium, smooth surface, luster moderate not distinctive odor or taste [24].*
- ***DENSITY:*** *heavy wood, with density at 12% moisture content of 920* kg/m^3 *[24].*
- ***DRYING:*** *easy and rapid air-drying, with slight warping[16].*
- ***WORKABILITY:*** *moderately difficult to work because of its high density [16]. Finishes well [16].*
- ***DURABILITY:*** *rated very resistant when tested against white- and brown-rot fungi, but not resistant to marine borers [6].*
- ***PRESERVATION:*** *low permeability to preservative solutions, even with pressure-vacuum systems [24].*
- ***USES:*** *exterior uses (railroad crossties, crosspieces, posts and stakes), civil construction (beams, shingles and shakes), baseboards, flooring blocks, turnery, heavy packaging, automobile and truck bodies, tool handles and others [16].*

Corte tangencial
Flatsawn

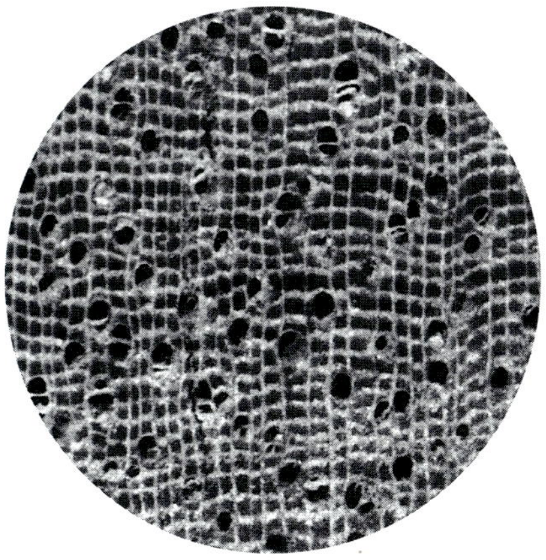

Seção transversal (x 10)
Cross section (x 10)

JATOBÁ - *Hymenaea courbaril* L. - Leguminosae Caesalpinoideae

copal • courbaril • jataí • jutaí • jutaí-açu (PA) • jutaí-grande (PA) • quebra-machado

- **CARACTERÍSTICAS GERAIS:** cerne marrom-avermelhado com linhas escuras, tornando-se, com o tempo, vermelho-castanho-escuro; nitidamente distinto do alburno marrom-muito-pálido. Grã revessa, textura média; cheiro imperceptível quando seca e gosto indistinto.
- **DENSIDADE:** madeira pesada, com densidade a 12% de umidade de 890 kg/m^3, e densidade verde de 1.240 kg/m^3.
- **SECAGEM:** seca bem e rápido, tanto ao ar livre como em estufa, sem problemas sérios de rachaduras ou empenamentos.
- **TRABALHABILIDADE:** não é muito fácil de ser trabalhada porém, suas qualidades quanto à colagem, acabamento e possibilidade de ser vergada com vapor, compensam os possíveis problemas. Difícil de aplainar, boa de lixar e de furar e muito boa de tornear. Apresenta alguns problemas para laminar e desenrolar devido à presença de cristais. Boa aceitação de tinta, verniz e polimento.
- **DURABILIDADE:** cerne muito resistente a fungos e cupins. Alburno facilmente atacado. Baixa resistência a brocas marinhas.
- **PRESERVAÇÃO:** cerne não tratável com creosoto e nem com CCA-A, quando preservado sob pressão.
- **USOS:** construção civil, molduras, móveis de luxo, cabos para ferramentas, material esportivo, dormentes, arcos de instrumentos musicais, peças torneadas, carrocerias, implementos para caminhões, laminados decorativos e outros.

- ***GENERAL CHARACTERISTICS:*** *heartwood reddish brown with dark streaks, becoming dark brownish red, sharply demarcated from the pale brown sapwood. Grain interlocked, texture medium, not distinctive odor and taste when dry.*
- ***DENSITY:*** *heavy wood with density at 12% moisture content of 890 kg/m^3 and green density of 1,240 kg/m^3.*
- ***DRYING:*** *air and kiln-dries easily and rapidly, without serious problems of checking and warping.*
- ***WORKABILITY:*** *difficult to plane, medium to sand, good to bore and very good to turn. Good gluing, finishing and steam-bending properties. Problems when veneering and peeling due to crystals. Finishes well with paint and varnish. Polishes well.*
- ***DURABILITY:*** *heartwood very resistant to fungi and termites. Sapwood easily attacked. Low resistance to marine borers.*
- ***PRESERVATION:*** *heartwood not treatable with creosote or CCA-A, even with pressure-vacuum systems.*
- ***USES:*** *civil construction, framing, fine furniture, tool handles, sport goods, railroad crossties, musical instruments, turnery, automobile and truck bodies, sliced veneers and others.*

Corte tangencial
Flatsawn

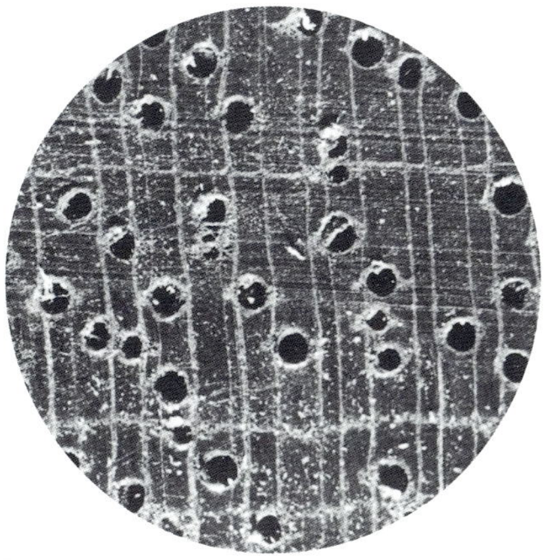

Seção transversal (x 10)
Cross section (x 10)

LOURO - *Ocotea* spp./ *Nectandra* spp. - Lauraceae

louro-canela

Ocotea neesiana (Miq.) Kosterm & Mart., *Ocotea fragrantissima* Ducke, *Ocotea costulata* (Nees) Mez, *Nectandra cymbarrum* (H.B.K.) Nees

- **CARACTERÍSTICAS GERAIS:** cerne marrom-amarelado ou marrom-muito-pálido, distinto do alburno marrom mais claro, amarelo-oliva ou amarelo-pálido. Anéis de crescimento pouco distintos, grã direita ou revessa, textura média, brilho acentuado ou ausente, conforme a espécie, e cheiro agradável.
- **DENSIDADE:** madeira de densidade média, com densidade a 12% de umidade em torno de 700 kg/m^3 e densidade verde em torno de 1.000 kg/m^3.
- **SECAGEM:** moderadamente rápida em estufa, com tendência moderada a encanoamento médio e a rachaduras e torcimentos fortes, no programa de secagem 1.
- **TRABALHABILIDADE:** excelente para se trabalhar tanto com ferramentas manuais como mecânicas[6]. Cola bem e permite excelente acabamento[6].
- **DURABILIDADE:** resistente a fungos e pouco resistente a cupins de madeira seca[6].
- **PRESERVAÇÃO:** difícil de preservar sob pressão com produtos preservativos.
- **USOS:** construção civil, embarcações, móveis, artigos de utilidades domésticas, chapas, caixas, engradados, compensados e outros.

- ***GENERAL CHARACTERISTICS:*** *heartwood yellowish brown or very pale brown distinct from the less colored, olive yellow or pale yellow sapwood. Slightly distinct growth rings, grain straight or interlocked, texture medium, luster pronounced or lacking, according to the species, and agreeable odor.*
- ***DENSITY:*** *medium density wood, with density at 12% moisture content of 700 kg/m^3 and green density of 1,000 kg/m^3.*
- ***DRYING:*** *kiln-dries moderately rapid, with a moderate tendency for medium cupping and pronounced checking and twisting, when submitted to the drying schedule 1.*
- ***WORKABILITY:*** *excellent working properties with machine or hand tools[6]. Glues well and gives an excellent finishing[6].*
- ***DURABILITY:*** *resistant to fungi and slightly resistant to dry-wood termites[6].*
- ***PRESERVATION:*** *difficult to be preserved with preservative solutions, even with pressure-vacuum systems.*
- ***USES:*** *civil construction, boatbuilding, furniture, domestic utility articles, panelling, boxes and crates, plywood and others.*

Fotos / *Photos: Ocotea* sp.

Corte tangencial
Flatsawn

Seção transversal (x 10)
Cross section (x 10)

LOURO-FAIA - *Euplassa* spp. - Proteaceae

faia • cedro-bordado • catucaém • carvalho-brasileiro

E. pinnata I.M.Johnst., *E. incana* (Klotzch) I.M.Johnst.

- **CARACTERÍSTICAS GERAIS:** cerne rosa-acastanhado, com raios muito largos e altos, dando à madeira um aspecto característico, distinto de alburno marrom-pálido. Grã ondulada, textura grossa, cheiro imperceptível e gosto indistinto[24].
- **DENSIDADE:** madeira de densidade média, com densidade a 12% de umidade de 670 kg/m^3 [24].
- **SECAGEM:** por apresentar contrações volumétrica e tangencial altas e grã ondulada, deve-se tomar cuidado com sua secagem[16].
- **TRABALHABILIDADE:** fácil de trabalhar.
- **DURABILIDADE:** baixa resistência ao ataque de organismos xilófagos[24]. Deve ser usada seca e em ambientes internos.
- **PRESERVAÇÃO:** com base em sua estrutura anatômica deve apresentar baixa absorção de soluções preservativas em tratamentos sob pressão[24].
- **USOS:** móveis, lâminas decorativas, objetos decorativos, peças torneadas e outros.

- ***GENERAL CHARACTERISTICS:*** *heartwood brownish pink, with wide and high rays, giving a characteristic figure, distinct from the pale brown sapwood. Grain wavy, texture coarse, not distinctive odor and taste*[24].
- ***DENSITY:*** *medium density wood, with density at 12% moisture content of 670* kg/m^3 [24].
- ***DRYING:*** *due to high volumetric and tangential shrinkage and wavy grain, drying must be carefully supervised*[16].
- ***WORKABILITY:*** *easy to work.*
- ***DURABILITY:*** *low resistance to wood-degraders organisms*[24]. *The wood must be used dry and indoors.*
- ***PRESERVATION:*** *due to its anatomic structure, the wood is expected to present low absorption of preservative solutions, even with pressure-vacuum systems*[24].
- ***USES:*** *furniture, sliced veneers, decorative articles, turnery and others.*

Fotos / *Photos: Euplassa* sp.

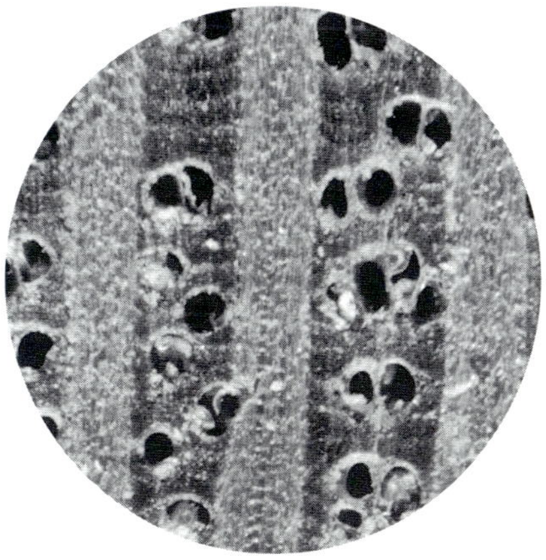

Seção transversal (x 10)
Cross section (x 10)

Corte tangencial
Flatsawn

L

LOURO-VERMELHO - *Nectandra rubra* (Mez.) C.K.Allen - Lauraceae

canela-vermelha • gamela • louro • louro-canela • louro-gamela (AM) • louro-mogno • louro-rosa (AM) • *determa* • *red wood*

- **CARACTERÍSTICAS GERAIS:** cerne marrom-amarelado-claro, pouco diferenciado do alburno estreito. Grã direita ou revessa, textura média, brilho moderado, cheiro característico adocicado quando recém-cortada, imperceptível quando seca, e gosto indistinto.
- **DENSIDADE:** madeira de densidade média, com densidade a 12% de umidade de 650 kg/m^3 e densidade verde de 1.050 kg/m^3.
- **SECAGEM:** secagem ao ar lenta e dificultada pela presença de óleos essenciais. Não apresenta problemas com empenamentos e rachaduras. Secagem em estufa também muito lenta, apresentando tendência a encanoamento e torcimento, no programa de secagem 1.
- **TRABALHABILIDADE:** fácil de serrar, aplainar, laminar, faquear, tornear, colar, parafusar e pregar. Bom acabamento.
- **DURABILIDADE:** resistente a fungos, cupins e brocas.
- **PRESERVAÇÃO:** baixa permeabilidade a soluções preservativas, mesmo quando preservada sob pressão.
- **USOS:** móveis, construção civil, esquadrias, tablados, molduras, enfeites, compensados, laminados decorativos e outros.

- ***GENERAL CHARACTERISTICS:*** *heartwood light yellowish brown, slightly distinct from the narrow sapwood. Grain straight or interlocked, texture medium, luster moderate, sweaty odor when freshly cut, disappearing after drying and not distinctive taste.*
- ***DENSITY:*** *medium density wood, with density at 12% moisture content of 650 kg/m^3 and green density of 1,050 kg/m^3.*
- ***DRYING:*** *slow and difficult to air-dry due to the presence of essence oils, but with no checking or warping. Kiln-dries very slowly, with a tendency for cupping and twisting, when submitted to the drying schedule 1.*
- ***WORKABILITY:*** *easy sawing, planing, peeling into veneers, turning, gluing, nailing and screwing. Finishes well.*
- ***DURABILITY:*** *resistant to fungi, termites and boring insects.*
- ***PRESERVATION:*** *low permeability to preservative solutions, even with pressure-vacuum systems.*
- ***USES:*** *furniture, civil construction, door and window sashes, planks, framing, decorative objects, plywood, sliced veneerss and others.*

Corte tangencial
Flatsawn

Seção transversal (x 10)
Cross section (x 10)

M

MACACAÚBA - *Platymiscium* spp. - Leguminosae Papilionoideae

jacarandá-do-brejo • jacarandá-piranga • jandiá • macacaúba-preta • macacaúba-vermelha • *trebol* • *macawood*

P. ulei Harms, *P. duckei* Huber

- **CARACTERÍSTICAS GERAIS:** cerne castanho, castanho-avermelhado ou vermelho-rosado apresentando veios escuros ou arroxeados. O cerne da espécie *P. ulei* é mais claro que o da *P. duckei.* Alburno estreito, de cor mais clara. Grã revessa, textura média, brilho moderado, um tanto áspera ao tato, cheiro imperceptível e gosto indistinto [21].
- **DENSIDADE:** madeira pesada, com densidade a 12% de umidade de 880 kg/m^3 [24].
- **SECAGEM:** dado não disponível.
- **TRABALHABILIDADE:** fácil de trabalhar; bom acabamento [21].
- **DURABILIDADE:** durável.
- **PRESERVAÇÃO:** dado não disponível.
- **USOS:** móveis, marcenaria, assoalhos, tacos de bilhar, carpintaria, instrumentos musicais e outros.

- ***GENERAL CHARACTERISTICS:*** *heartwood brown to reddish brown or pinkish red with dark or purplish streaks.* P. ulei *heartwood is light colored than the heartwood of* P. duckei. *Sapwood narrow and light colored. Grain interlocked, texture medium, luster moderate, rough surface, not distinctive odor and taste* [21].
- ***DENSITY:*** *heavy wood, with density at 12% moisture content of 880 kg/m^3* [24].
- ***DRYING:*** *no information available.*
- ***WORKABILITY:*** *easy to work. Finishes well* [21].
- ***DURABILITY:*** *durable.*
- ***PRESERVATION:*** *no information available.*
- ***USES:*** *furniture, cabinet work, parquet flooring, billiard cues, carpentry, musical instruments and others.*

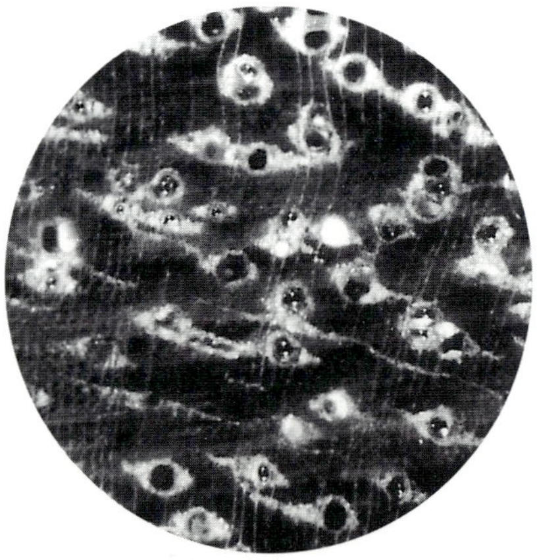

Seção transversal (x 10)
Cross section (x 10)

Corte tangencial
Flatsawn

Fotos / *Photos: Platymiscium ulei*

M

MAÇARANDUBA - *Manilkara* spp. - Sapotaceae

aparaiú • maparajuba-da-várzea • maçaranduba-de-leite • maçarandubinha (AM) • maparajuba • paraju • parajuba • *bullet wood* • *balata*

M. amazonica (Huber) Chevalier = *M. bidentata* subsp. *surinamensis* (Miq.) Penning., *M. cavalcantei* Pires & Barb.Rodr. ex Penning., *M. huberi* (Ducke) Chevalier, *M. inundata* (Ducke) Ducke

- **CARACTERÍSTICAS GERAIS:** cerne vermelho-claro, quando recém-cortado, tornando-se vermelho a marrom-avermelhado-escuro, distinto do alburno rosado a marrom-pálido. Anéis de crescimento distintos, grã direita, textura fina, brilho ausente e cheiro imperceptível.
- **DENSIDADE:** madeira pesada, com densidade a 12% de umidade em torno de 1.000 kg/m^3 e densidade verde em torno de 1.260 kg/m^3.
- **SECAGEM:** rápida em estufa, com tendência moderada a rachaduras, a torcimento forte e a encanoamento médio, no programa de secagem 1.
- **TRABALHABILIDADE:** fácil de serrar, laminar, tornear, colar e parafusar. O acabamento no torno e na broca é excelente. O uso de pregos pode causar rachaduras. A presença de resina prejudica o fio de corte de ferramentas.
- **DURABILIDADE:** resistente a muito resistente ao ataque de fungos apodrecedores e cupins subterrâneos[(6)]. Moderadamente resistente a cupins de madeira seca[(6)]. Não é resistente a brocas marinhas[(6)]. Resiste bem à umidade[(22)].
- **PRESERVAÇÃO:** cerne não tratável com CCA-A, mesmo quando preservado sob pressão.
- **USOS:** construção civil e naval, cais para embarcações, torneados, chapas, instrumentos musicais, assoalhos, carrocerias para caminhões e outros.

- ***GENERAL CHARACTERISTICS:*** *heartwood light red when freshly cut, becoming red to dark reddish brown, distinct from the light pink to pale brown sapwood. Distinct growth rings, grain straight, texture fine and not distinctive odor and taste.*
- ***DENSITY:*** *heavy wood, with density at 12% moisture content of 1,000 kg/m^3 and green density of 1,260 kg/m^3.*
- ***DRYING:*** *kiln-dries rapidly, with moderate tendency for checking, pronounced twisting and medium cupping, when submitted to the drying schedule 1.*
- ***WORKABILITY:*** *easy sawing, peeling into veneers, turning, gluing and screwing. Finishes well in turning and boring. Nailing may cause checking. Presence of resin may dull cutters.*
- ***DURABILITY:*** *resistant to very resistant to decay fungi and to subterranean termites*[(6)]*. Moderately resistant to dry-wood termites*[(6)]*. Not resistant to marine borers.*[(6)] *Highly resistant to humidity*[(22)].
- ***PRESERVATION:*** *heartwood not treatable with CCA-A even with pressure-vacuum systems.*
- ***USES:*** *civil and naval construction, piers, turnery, boards, musical instruments, flooring, truck bodies and others.*

Fotos / *Photos: Manilkara bidentata*

Corte tangencial
Flatsawn

Seção transversal (x 10)
Cross section (x 10)

M

MARUPÁ - *Simarouba amara* Aubl. - Simaroubaceae

caxeta • marupaúba (MA) • paraparaíba (MA) • pararaúba (AM) • parariúba (MA) • pau-paraíba • simaruba • tamanqueira

- **CARACTERÍSTICAS GERAIS:** cerne e alburno indistintos branco-palha levemente amarelados. Grã direita, textura média, brilho moderado, cheiro imperceptível, gosto ligeiramente amargo.
- **DENSIDADE:** madeira leve, com densidade a 12% de umidade de 440 kg/m^3 e densidade verde de 1.120 kg/m^3.
- **SECAGEM:** pode ser feita ao ar livre desde que a madeira esteja bem empilhada e coberta, para se evitar rachaduras e empenamentos. Muito rápida em estufa, com pequena tendência a torcimento médio, no programa de secagem 4. Secagem rápida e sem a ocorrência de defeitos, no programa de secagem 1.
- **TRABALHABILIDADE:** fácil de trabalhar, tanto com ferramentas manuais como mecânicas. O acabamento superficial é excelente na lixa, broca e plaina, mas muito ruim no torno. Para torneá-la, é preciso utilizar velocidade alta e facas afiadas[3]. Deve ser desdobrada logo após o corte, devido a rachaduras na tora. Cola bem.
- **DURABILIDADE:** durável desde que utilizada seca. Sofre a ação de fungos manchadores quando recém-cortada.
- **PRESERVAÇÃO:** muito fácil de preservar, em processo sob pressão.
- **USOS:** móveis, molduras, obras internas, instrumentos musicais, esquadrias, cabos para vassouras, palitos de fósforo, compensados, laminados, tamancos e outros.

- ***GENERAL CHARACTERISTICS:*** *indistinct heartwood and sapwood straw-colored. Grain straight, texture medium, luster moderate, not distinctive odor and with a bitter quinine-like taste.*
- ***DENSITY:*** *light wood, with density at 12% moisture content of 440 kg/m^3 and green density of 1,120 kg/m^3.*
- ***DRYING:*** *the wood may be air-seasoned if well piled and covered, to avoid checking and warping. Kiln-dries very rapidly, with a slight tendency for medium twisting, when submitted to the drying schedule 4. Kiln-dries rapidly, without defects, when submitted to the drying schedule 1.*
- ***WORKABILITY:*** *easy to work with hand and machine tools. Finishing is very good in sanding, boring and planing, but very bad in turning. Turning requires high speed and sharp tools[3]. Logs must be rapidly sawn due to end checking. Glues well.*
- ***DURABILITY:*** *dry wood has great durability for interior works. Prone to blue stain.*
- ***PRESERVATION:*** *very easy to be preserved with pressure-vacuum systems.*
- ***USES:*** *furniture, framing, interior constructions, musical instruments, window sashes, broom handles, matches, plywood, sliced veneers, sabots and others.*

Corte tangencial
Flatsawn

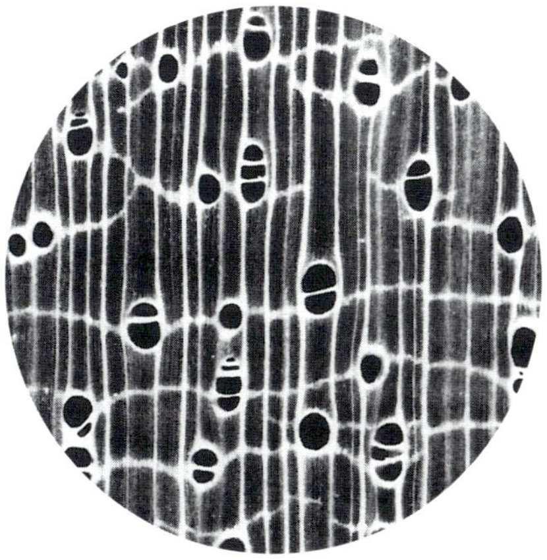

Seção transversal (x 10)
Cross section (x 10)

M

MOROTOTÓ - *Schefflera morototoni* (Aubl.) Araliaceae = *Didymopanax morototoni* (Aubl.) Decne. & Planch

caxeta • caixeta • imbaubão • mandiocão-da-mata • mandiocão-do-mato • mandioqueira (MT) • marupaúba-falso (PA) • mucututu (PA)

- **CARACTERÍSTICAS GERAIS:** cerne e alburno indistintos branco-acinzentados. Figura tangencial em faixas longitudinais pouco destacadas, causadas por anéis de crescimento. Figura radial causada por raios destacados. Grã direita, textura média, brilho moderado, cheiro imperceptível e gosto indistinto.
- **DENSIDADE:** madeira leve, com densidade a 12% de umidade de 570 kg/m^3 e densidade verde de 1.030 kg/m^3.
- **SECAGEM:** seca ao ar rapidamente, podendo apresentar muitos defeitos. Rápida em estufa, com tendência moderada a encanoamento e a torcimento leves, no programa de secagem 1.
- **TRABALHABILIDADE:** macia e fácil de trabalhar com ferramentas manuais e mecânicas, porém com tendência para apresentar superfície felpuda após o aplainamento. Em outras operações a superfície resultante é relativamente boa. Cola e prega com facilidade. Bom acabamento.
- **DURABILIDADE:** muito suscetível a fungos e insetos, devendo ser utilizada em ambientes protegidos de umidade e insetos.
- **PRESERVAÇÃO:** madeira muito fácil de preservar sob pressão com creosoto e com CCA-A.
- **USOS:** chapas, caixas, engradados, instrumentos musicais, palitos de fósforo e outros.

- ***GENERAL CHARACTERISTICS:*** *indistinct heartwood and sapwood grayish white. Slightly demarcated longitudinal bands caused by growth rings. Radial figure caused by demarcated rays. Grain straight, texture medium, luster moderate, not distinctive odor and taste.*
- ***DENSITY:*** *light wood, with density at 12% moisture content of 570 kg/m^3 and green density of 1,030 kg/m^3.*
- ***DRYING:*** *air-dries rapidly with defects. Kiln-dries rapidly, with a moderate tendency for slight cupping and twisting, when submitted to the drying schedule 1.*
- ***WORKABILITY:*** *easy to work with hand or machine tools. Tendency to produce fuzzy grain when planing. Gives fair surfaces in other operations. Glues and nails easily. Finishes well.*
- ***DURABILITY:*** *very susceptible to fungi and insects. Must be used in places protected from humidity and insects.*
- ***PRESERVATION:*** *easy to be preserved with creosote and CCA-A with pressure-vacuum systems.*
- ***USES:*** *panelling, boxes and crates, musical instruments, matches and others.*

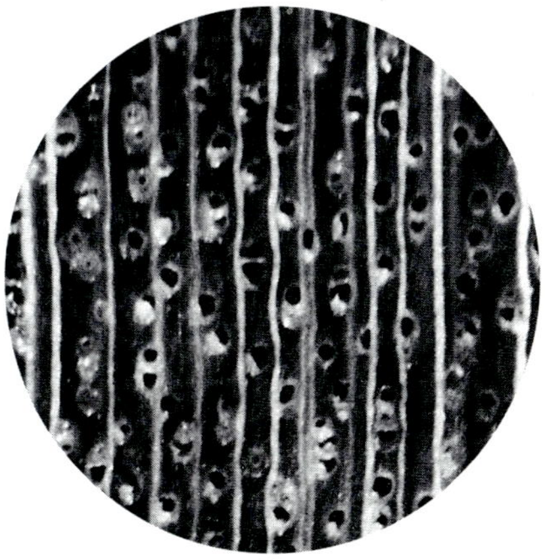

Seção transversal (x 10)
Cross section (x 10)

Corte tangencial
Flatsawn

MUIRACATIARA-RAJADA - *Astronium lecointei* Ducke - Anacardiaceae

aderno-preto • baracatiara • gonçaleiro • maracatiara • muiracatiara • muiraquatiara (PA) • sanguessugueira (PA)

- **CARACTERÍSTICAS GERAIS:** cerne marrom-rosado-pálido a marrom-amarelado, tornando-se vermelho-escuro quando exposto à luz solar, distinto do alburno mais claro. Figura em faixas de cor marrom-avermelhada-escura a preta. Grã ondulada ou levemente revessa, textura média, brilho moderado, cheiro imperceptível e gosto ligeiramente amargo.
- **DENSIDADE:** madeira pesada, com densidade a 12% de umidade de 930 kg/m^3 e densidade verde de 1.200 kg/m^3.
- **SECAGEM:** seca muito bem ao ar livre, não apresentando defeitos. Em estufa a secagem é muito rápida, com moderada tendência a rachaduras fortes, no programa de secagem 3.
- **TRABALHABILIDADE:** fácil na lixa e na broca, muito fácil no torno e regular na plaina. O acabamento é ruim na plaina, regular na lixa e excelente no torno e na broca. Boa para serrar, laminar, colar e parafusar. Recomenda-se perfuração prévia à colocação de pregos. Recebe excelente acabamento, proporcionando superfície muito lustrosa.
- **DURABILIDADE:** muito durável, não sendo atacada por insetos ou cupins de madeira seca.
- **PRESERVAÇÃO:** cerne não tratável com CCA-A, mesmo sob pressão.
- **USOS:** construções externas e internas, embalagens, portas, móveis de luxo, cabos de ferramentas, marcenaria, assoalhos, instrumentos musicais, objetos de adorno e outros.

- ***GENERAL CHARACTERISTICS:*** *heartwood pale pinkish brown to yellowish brown, becoming dark red after exposure to sun light, slightly distinct from the lighter sapwood. Figure with stripes of dark reddish brown to black. Grain wavy or slightly interlocked, texture medium to fine, luster moderate, not distinctive odor and slightly bitter taste.*
- ***DENSITY:*** *heavy wood, with density at 12% moisture content of 930* kg/m^3 *and green density of 1,200* kg/m^3.
- ***DRYING:*** *air-dries very well, without defects. Kiln-dries rapidly, with a moderate tendency for pronounced checking, when submitted to the drying schedule 3.*
- ***WORKABILITY:*** *Easy to sand and bore, very easy to turn and regular to plane. Bad finishing in planing, regular in sanding and excellent in turning and boring. Good to saw, peel into veneer, glue, screw and very good to turn. Previous boring is advisable for nailing. Finishes well and gives a very lustrous surface.*
- ***DURABILITY:*** *very durable. Resistant to insects and dry-wood termites.*
- ***PRESERVATION:*** *heartwood not treatable with CCA-A, even with pressure-vacuum systems.*
- ***USES:*** *exterior and interior constructions, packaging, doors, fine furniture, tool handles, cabinet work, flooring, musical instruments, decorative objects and others.*

Corte radial
Quartersawn

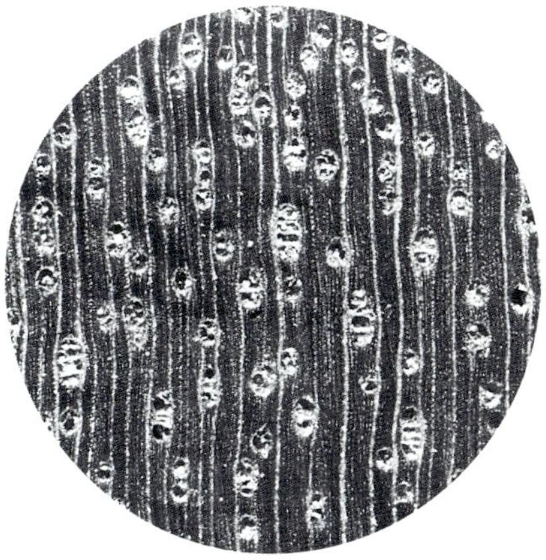

Seção transversal (x 10)
Cross section (x 10)

MUIRAPIRANGA - *Brosimum* spp. - Moraceae

amaparana • amapá-amargoso • amapá-doce • conduru • conduru-vermelho • falso-pau-brasil • muirapiranga-vermelha • pau-brasil • pau-rainha (AM) • pau-vermelho • *satiné*

B. rubescens Taub., *B. paraense* Huber

- **CARACTERÍSTICAS GERAIS:** cerne vermelho-escuro-vivo, distinto do alburno marrom-claro. Figura em faixas mais escuras. Anéis de crescimento pouco distintos, grã direita ou revessa, textura média a fina, brilho moderado, cheiro imperceptível e gosto indistinto.
- **DENSIDADE:** madeira pesada, com densidade a 12% de umidade em torno de 800 kg/m^3 e densidade verde em torno de 1.200 kg/m^3.
- **SECAGEM:** seca bem ao ar, sem problemas de rachadura e empenamento. Em estufa é lenta, apresentando tendência a rachaduras de topo, encanoamento e torcimento, no programa de secagem 1.
- **TRABALHABILIDADE:** moderadamente boa de trabalhar tanto com ferramentas manuais como mecânicas. Ótimo acabamento, cola bem. Aceita prego. Fácil de faquear, resultando em lâminas lisas, compactas e de fácil secagem[8]. O preaquecimento é necessário antes do faqueamento[8].
- **DURABILIDADE:** altamente resistente a fungos e cupins. Cerne e alburno suscetíveis ao ataque de besouros quando deixados por um mês na floresta[8].
- **PRESERVAÇÃO:** alburno de fácil preservação e cerne moderadamente difícil de tratar com preservativos aplicados sob pressão.
- **USOS:** móveis de luxo, objetos de adorno, construções internas, construções externas, dormentes, torneados, laminados decorativos e outros.

- ***GENERAL CHARACTERISTICS:*** *heartwood bright dark red distinct from the light brown sapwood. Slight distinct growth rings, grain straight or interlocked, texture medium to fine, not distinctive odor and taste.*
- ***DENSITY:*** *heavy wood, with density at 12% moisture content around 800 kg/m^3 and green density around 1,200 kg/m^3.*
- ***DRYING:*** *air-dries well, with no checking or warping. Kiln-dries very slowly with a tendency for end checking, cupping, and twisting, when submitted to the drying schedule 1.*
- ***WORKABILITY:*** *moderately good to work with hand and machine tools. Finishes and glues well. Previous boring for nailing is advisable. Easy to peel into veneer allowing smooth, compact and easy drying surfaces[8]. Previous heating is necessary for peeling into veneer[8].*
- ***DURABILITY:*** *highly resistant to fungi and termites. Sapwood and heartwood susceptible to beetles when left in the forest for one month[8].*
- ***PRESERVATION:*** *sapwood easy and heartwood moderately difficult to be preserved with pressure-vacuum systems.*
- ***USES:*** *fine furniture, decorative objects interior and exterior constructions, railroad crossties, turnery, sliced veneers and others.*

Fotos / *Photos: Brosimum paraense*

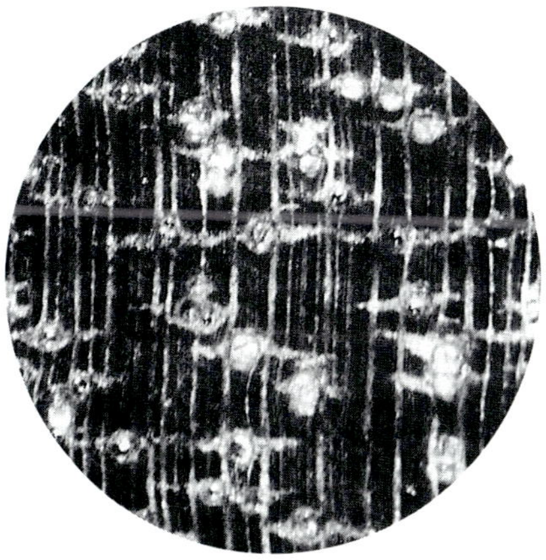

Seção transversal (x 10)
Cross section (x 10)

Corte tangencial
Flatsawn

M

MUNGUBA-GRANDE-DA-TERRA-FIRME

Eriotheca longipedicellata (Ducke) A.Robyns
= *Bombax longipedicellatum* - Bombacaceae

mamorana-da-terra-firme • munguba • sumaúma-da-terra-firme • sumaúma-vermelha

- **CARACTERÍSTICAS GERAIS:** cerne e alburno indistintos marrom-amarelado a marrom-avermelhado. Anéis de crescimento distintos e irregulares, grã direita a revessa, textura média, brilho moderado e cheiro imperceptível.
- **DENSIDADE:** madeira leve, com densidade a 12% de umidade de 540 kg/m^3 e densidade verde de 1.080 kg/m^3.
- **SECAGEM:** rápida, com tendência a rachaduras e encanoamento, no programa de secagem 1.
- **TRABALHABILIDADE:** fácil para serrar e aplainar, proporcionando superfície de acabamento lisa. Contém resina marrom-escura.
- **DURABILIDADE:** dado não disponível.
- **PRESERVAÇÃO:** alburno muito fácil de preservar e cerne muito difícil de tratar com soluções preservativas, ainda que em processos sob pressão.
- **USOS:** molduras, acabamentos, divisórias, móveis, compensados, caixas, engradados e outros.

- ***GENERAL CHARACTERISTICS:*** *indistinct yellowish brown to reddish brown heartwood and sapwood. Distinct and irregular growth rings, grain straight to interlocked, texture medium, luster moderate and not distinctive odor.*
- ***DENSITY:*** *light wood, with density at 12% moisture content of 540 kg/m^3 and green density of 1,080 kg/m^3.*
- ***DRYING:*** *kiln-dries rapidly with tendency for checking and cupping, when submitted to the drying schedule 1.*
- ***WORKABILITY:*** *easy to saw and plane, allowing smooth surfaces. The wood contains a dark brown resin.*
- ***DURABILITY:*** *no information available.*
- ***PRESERVATION:*** *sapwood easy and heartwood very difficult to be preserved with pressure-vacuum systems.*
- ***USES:*** *framing, interior trim, wall partitions, furniture, plywood, boxes, crates and others.*

Corte tangencial
Flatsawn

Seção transversal (x 10)
Cross section (x 10)

ORELHA-DE-MACACO - *Enterolobium schomburgkii* (Benth.) Benth.

Leguminosae Mimosoideae

fava-orelha-de-negro • faveira-de-rosca (PA) • faveira-dura (PA/AM) • orelha-de-gato (PA) • orelha-de-negro • timbaúba (PA) • timbó-da-mata (PA) • *batibatra*

- **CARACTERÍSTICAS GERAIS:** cerne marrom-pálido a marrom-amarelado-claro, distinto do alburno amarelo-pálido. Anéis de crescimento distintos, grã revessa ou ondulada, textura média a grossa, brilho moderado e cheiro imperceptível.
- **DENSIDADE:** madeira pesada, com densidade a 12% de umidade de 990 kg/m^3 e densidade verde de 1.210 kg/m^3.
- **SECAGEM:** muito rápida, apresentando tendência moderada a rachaduras e a torcimento fortes, no programa de secagem 3.
- **TRABALHABILIDADE:** serra: fácil de trabalhar; plaina: fácil de trabalhar, acabamento muito ruim; lixa: fácil de trabalhar, acabamento muito ruim; torno: fácil de trabalhar, acabamento bom; broca: fácil de trabalhar, acabamento bom. Fácil de pregar e de parafusar[8]. Madeira fácil de faquear, gerando lâminas lisas, compactas, fáceis de secar e com superfície brilhante[8]. Recomenda-se aquecimento prévio para faquear[8].
- **DURABILIDADE:** resistente ao ataque de fungos apodrecedores e altamente resistente a cupins[8].
- **PRESERVAÇÃO:** alburno fácil de preservar com CCA-A e cerne não tratável com creosoto ou CCA-A, mesmo sob pressão.
- **USOS:** construção civil e naval, armação de móveis, torneados, chapas e outros.

- ***GENERAL CHARACTERISTICS:*** *heartwood pale brown to light yellowish brown, distinct from the pale yellow sapwood. Distinct growth rings, grain interlocked or wavy, texture medium to coarse, luster moderate and not distinctive odor.*
- ***DENSITY:*** *heavy wood, with density at 12% moisture content of 990 kg/m^3 and green density of 1,210 kg/m^3.*
- ***DRYING:*** *kiln-dries very rapidly, with a moderate tendency for pronounced checking and twisting, when submitted to the drying schedule 3.*
- ***WORKABILITY:*** *saw: easy to work; plane: easy to work, very bad finishing; sand: easy to work, very bad finishing; turn: easy to work, good finishing; bore: easy to work, good finishing. Easy to nail and screw[8]. Easy to peel into veneer, allowing smooth, compact, easy drying and lustrous surfaces[8]. Previous heating is advisable before peeling into veneer[8].*
- ***DURABILITY:*** *resistant to decay fungi and highly resistant to termites[8].*
- ***PRESERVATION:*** *sapwood easy to be preserved with CCA-A and heartwood not treatable with creosote or CCA-A, even with pressure-vacuum systems.*
- ***USES:*** *civil and naval construction, furniture components, turnery, panelling and others.*

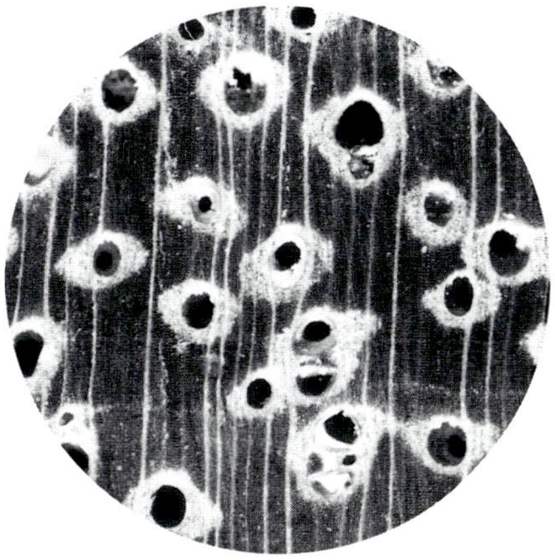

Seção transversal (x 10)
Cross section (x 10)

Corte tangencial
Flatsawn

P

PEQUIARANA - *Caryocar glabrum* (Aubl.) Pers. - Caryocaraceae

piquiarana • cabeleira • jiqui • pequi • pequiá • piquiarana-da-terra-firme • piquiarana-vermelha

- **CARACTERÍSTICAS GERAIS:** cerne branco, levemente amarelado, pouco distinto do alburno levemente mais claro. Grã revessa, textura grossa, superfície irregularmente lustrosa e áspera ao tato, cheiro imperceptível e gosto indistinto[24].
- **DENSIDADE:** madeira de densidade média, com densidade a 12% de umidade de 800 kg/m^3.
- **SECAGEM:** dado não disponível.
- **TRABALHABILIDADE:** excelente para aplainar; boa para tornear e furar; ruim para lixar.
- **DURABILIDADE:** muito resistente ao ataque de organismos xilófagos[24].
- **PRESERVAÇÃO:** baixa permeabilidade às soluções preservativas, mesmo em tratamentos sob pressão[24].
- **USOS:** vigas, caibros, ripas, assoalhos, postes, esteios, moirões, dormentes e outros[24].

- ***GENERAL CHARACTERISTICS:*** *white, slightly yellowish heartwood, slightly distinct from the lighter sapwood. Grain interlocked, texture coarse, irregularly bright and rough surface, not distinctive odor and taste*[24].
- ***DENSITY:*** *medium density wood, with density at 12% moisture content of 800 kg/m^3.*
- ***DRYING:*** *no information available.*
- ***WORKABILITY:*** *excellent to plane; good to turn and bore; bad to sand.*
- ***DURABILITY:*** *highly resistant to wood-degraders organisms*[24].
- ***PRESERVATION:*** *low permeability to preservative solutions even with pressure-vacuum systems*[24].
- ***USES:*** *shingles and shakes, flooring, posts, fencing, railroad crossties and others*[24].

Corte tangencial
Flatsawn

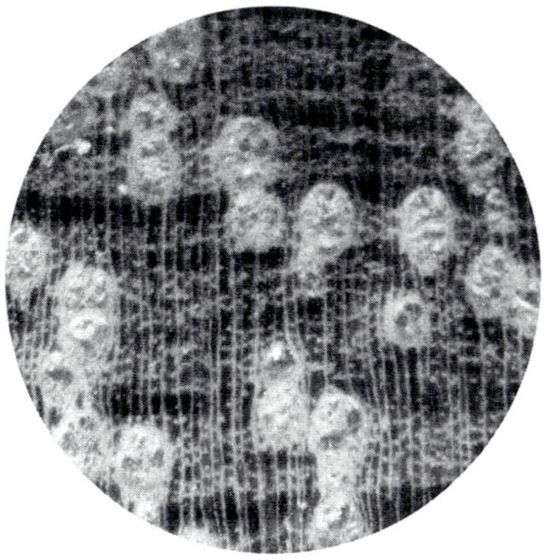

Seção transversal (x 10)
Cross section (x 10)

QUARUBA - *Vochysia* spp. - Vochysiaceae

cedrorana (PA) • guaruba • guaruba-cedro (PA) • quaruba-goiaba (AM) • quaruba-verdadeira (PA) • quaruba-vermelha (AM) • maubarana(AM) • *yemeri*

V. guianensis Aubl., *V. maxima* Ducke, *V. obidensis* (Huber) Ducke, *V. eximia* Ducke, *V. floribunda* Mart., *V. melinoni* Benkmann, *V. ferruginea* Mart., *V. paraensis* Ducke *V. surinamensis* Stafl., *V. vismiaefolia* Spruce ex Warm.

- **CARACTERÍSTICAS GERAIS:** cerne rosado, pouco distinto do alburno cinza-claro a cinza-rosado. Anéis de crescimento distintos, grã revessa, textura média a grossa, brilho moderado ou ausente, dependendo da espécie, e cheiro imperceptível.
- **DENSIDADE:** madeira leve, com densidade a 12% de umidade em torno de 600 kg/m^3 e densidade verde de 1.140 kg/m^3.
- **SECAGEM:** rápida em estufa, com moderada tendência a torcimento e a encanoamento fortes e leve tendência a rachaduras e colapso leves, no programa de secagem 1.
- **TRABALHABILIDADE:** plaina: fácil de trabalhar, acabamento ruim; lixa: fácil de trabalhar, acabamento ruim; torno: fácil de trabalhar, acabamento bom; broca: fácil de trabalhar, acabamento bom.
- **DURABILIDADE:** resistência variável ao apodrecimento de acordo com a espécie. Geralmente susceptível ao ataque de fungos e cupins e moderadamente resistente a insetos de madeira seca.
- **PRESERVAÇÃO:** alburno muito fácil de preservar com creosoto e com CCA-A aplicados sob pressão.
- **USOS:** construção civil e naval, movelaria, molduras, peças torneadas, chapas e outros.

- ***GENERAL CHARACTERISTICS:*** *heartwood pink, slightly distinct from the light gray to pinkish gray sapwood. Distinct growth rings, grain interlocked, texture medium to coarse, luster moderate or lacking, according to the species, and not distinctive odor.*
- ***DENSITY:*** *light wood, with density at 12% moisture content around 600 kg/m^3 and green density of 1,140 kg/m^3.*
- ***DRYING:*** *kiln-dries rapidly, with a moderate tendency for pronounced twisting and cupping, and slight tendency for slight checking and collapse, when submitted to the drying schedule 1.*
- ***WORKABILITY:*** *plane: easy to work, bad finishing; sand: easy to work, bad finishing; turn: easy to work, good finishing; bore: easy to work, good finishing.*
- ***DURABILITY:*** *variable resistance to decay according to the species. Generally susceptible to fungi and termites and moderately resistant to dry-wood insects.*
- ***PRESERVATION:*** *sapwood very easily preserved with creosote and CCA-A with pressure-vacuum systems.*
- ***USES:*** *civil and naval construction, boatbuilding, furniture, framing, turnery, panelling and others.*

Fotos / *Photos: Vochysia maxima*

Corte radial
Quartersawn

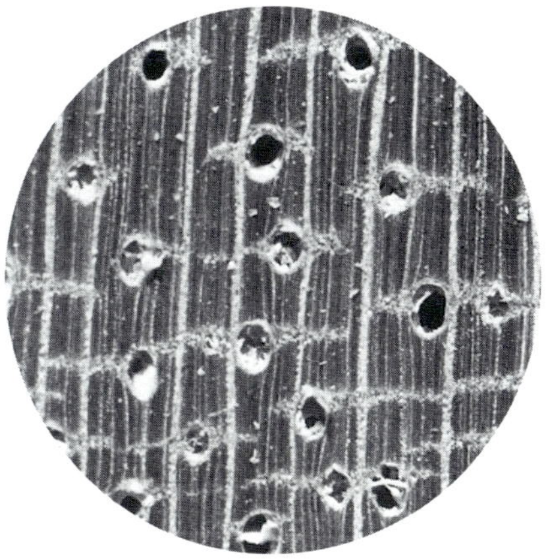

Seção transversal (x 10)
Cross section (x 10)

R

ROXINHO - *Peltogyne* spp. - Leguminosae Caesalpinoideae

amarante • coraci (AM) • coataquiçaua (PA) • escorrega-macaco (AM) • guarabu • pau-mulato • pau-roxo • pau-roxo-da-terra-firme • roxinho-pororoca (AM) • violeta • *purpleheart*

P. paniculata Benth., *P. maranhensis* Huber & Ducke, *P. subsessilis* W.Rodr., *P. paradoxa* Ducke, *P. catingae* Ducke, *P. confertiflora* (Hayne) Benth.

- **CARACTERÍSTICAS GERAIS:** cerne castanho-escuro quando recém-cortado, passando logo para roxo intenso ou violeta-purpúreo; bastante distinto do alburno estreito amarelo-claro a marrom-muito-pálido. Grã direita, ondulada ou ainda revessa, textura média a fina, brilho moderado a acentuado, cheiro imperceptível e gosto indistinto.
- **DENSIDADE:** madeira pesada, com densidade a 12% de umidade de 1.000 kg/m^3 e densidade verde de 1.300 kg/m^3.
- **SECAGEM:** *P. paniculata* seca rapidamente, com pequena tendência à rachaduras de topo, torcimento e arqueamento fortes, no programa de secagem 1.
- **TRABALHABILIDADE:** regular na plaina e excelente na lixa, torno e broca. Alguns autores a reportam como moderadamente difícil de ser trabalhada por causa da dureza e da exsudação de resina que ocorre quando a madeira é aquecida pelas ferramentas. Cola bem. Polimento lustroso. Recomenda-se perfuração prévia à colocação de pregos.
- **DURABILIDADE:** cerne altamente resistente a ataque de fungos apodrecedores, muito resistente a cupins de madeira seca, mas pouco resistente a brocas marinhas[(6)].
- **PRESERVAÇÃO:** cerne não tratável com creosoto ou CCA-A, mesmo aplicados sob pressão.
- **USOS:** marcenaria fina, dormentes, construção civil e naval, esculturas, assoalhos, peças torneadas e outros.

- ***GENERAL CHARACTERISTICS:*** *heartwood dark brown when freshly cut becoming deep purple to purplish violet, clearly distinct from the narrow light yellow to very pale brown sapwood. Grain straight, wavy or interlocked, texture medium to fine, luster moderate to high, not distinctive odor and taste.*
- ***DENSITY:*** *heavy wood, with density at 12% moisture content of 1,000 kg/m^3 and green density of 1,300 kg/m^3.*
- ***DRYING:*** P. paniculata *kiln-dries rapidly, with slight tendency to pronounced end checking, twisting and springing, when submitted to the drying schedule 1.*
- ***WORKABILITY:*** *regular in plane and excellent in sanding, turning and boring. Reported as moderately difficult to work due to its hardness and resin exudation when heated by tools. Glues well. Lustrous polishing. Previous boring for nailing is advisable.*
- ***DURABILITY:*** *heartwood highly resistant to decay fungi, very resistant to dry-wood termites, but less resistant to marine borers [(6)].*
- ***PRESERVATION:*** *heartwood not treatable with creosote or CCA-A, even with pressure-vacuum systems.*
- ***USES:*** *fine cabinet work, railroad crossties, civil and naval construction, sculptures, flooring, turnery and others.*

Fotos / *Photos: Peltogyne* sp

Corte tangencial
Flatsawn

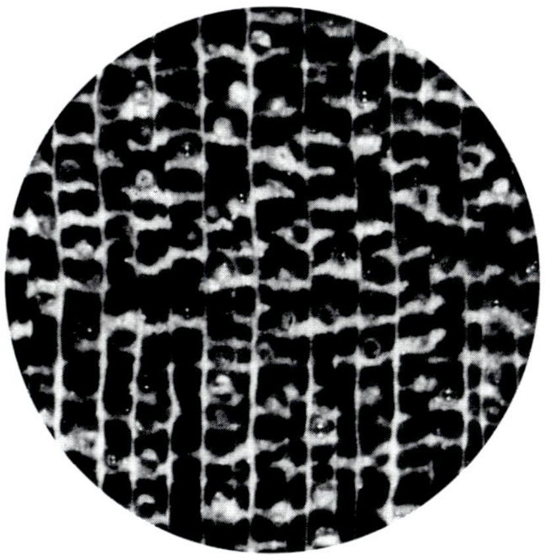

Seção transversal (x 10)
Cross section (x 10)

SAPUCAIA - *Lecythis pisonis* Cambess. subsp. *usitata* (Miers) Mori & Prance = *Lecythis paraensis* Huber ex.Ducke - Lecythidaceae

castanha-sapucaia • sapucaia-vermelha

- **CARACTERÍSTICAS GERAIS:** cerne vermelho-amarelado, distinto do alburno amarelo com manchas escuras. Anéis de crescimento pouco distintos, grã revessa, textura média, brilho ausente e cheiro imperceptível.
- **DENSIDADE:** madeira pesada, com densidade a 12% de umidade de 1.000 kg/m^3 e densidade verde de 1.250 kg/m^3.
- **SECAGEM:** rápida em estufa, com tendência a rachaduras fortes e moderada tendência a torcimento forte, no programa de secagem 3.
- **TRABALHABILIDADE:** plaina: regular de trabalhar, acabamento ruim; lixa: regular de trabalhar, acabamento bom; torno: fácil de trabalhar, acabamento regular; broca: regular de trabalhar, acabamento bom.
- **DURABILIDADE:** altamente resistente ao ataque de organismos xilófagos[24].
- **PRESERVAÇÃO:** o alburno é difícil de preservar com CCA-A e o cerne não é tratável com creosoto e nem com CCA-A, mesmo em tratamentos sob pressão.
- **USOS:** construção civil e naval, móveis, artigos domésticos decorativos, brinquedos, instrumentos musicais e outros.

- ***GENERAL CHARACTERISTICS:*** *heartwood yellowish red distinct from the yellow sapwood with dark stripes. Slightly distinct growth rings, grain interlocked, texture medium, luster lacking and not distinctive odor.*
- ***DENSITY:*** *heavy wood, with density at 12% moisture content of 1,000 kg/m^3 and green density of 1,250 kg/m^3.*
- ***DRYING:*** *kiln-dries rapidly, with tendency for pronounced checking and moderate tendency for pronounced twisting, when submitted to the drying schedule 3.*
- ***WORKABILITY:*** *plane: regular to work, bad finishing; sand: regular to work, good finishing; turn: easy to work, regular finishing; bore: regular to work, good finishing.*
- ***DURABILITY:*** *highly resistant to wood-degraders organisms [24].*
- ***PRESERVATION:*** *sapwood difficult to be preserved with CCA-A and heartwood not treatable with creosote or CCA-A, even with pressure-vacuum systems.*
- ***USES:*** *civil and naval construction, furniture, decorative household articles, toys, musical instruments and others.*

Corte tangencial
Flatsawn

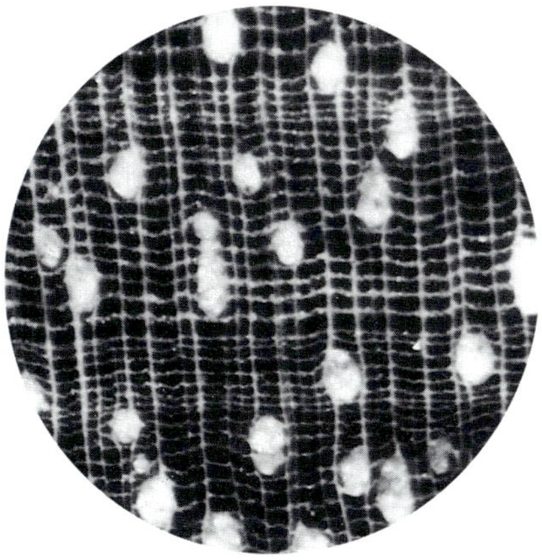

Seção transversal (x 10)
Cross section (x 10)

S

SUCUPIRA - *Bowdichia nitida* Spruce - Leguminosae Papilionoidae

cutiúba • macanaíba • sapupira • sucupira-amarela • sucupira-da-mata • sucupira-pele-de-sapo (AM) • sucupira-preta • sucupira-vermelha (AM)

- **CARACTERÍSTICAS GERAIS:** cerne marrom-chocolate quando recém-cortado, tornando-se marrom-escuro após a secagem; apresenta faixas estreitas de um marrom mais claro, resultando em um aspecto fibroso característico. Alburno estreito, acinzentado ou cinza-rosado, claramente diferenciado do cerne. Grã levemente revessa, textura média a grossa, brilho moderado, cheiro imperceptível e gosto indistinto.
- **DENSIDADE:** madeira pesada, com densidade a 12% de umidade de 1.010 kg/m^3 e densidade verde de 1.220 kg/m^3.
- **SECAGEM:** secagem ao ar muito difícil, apresentando tendência a rachaduras de topo leves e a empenamentos. Secagem em estufa muito rápida, com tendência moderada a rachaduras e torcimento médios, no programa de secagem 3.
- **TRABALHABILIDADE:** moderadamente difícil de ser trabalhada. Bom comportamento na serra, mas de difícil aplainamento devido à grã revessa. Fácil de ser torneada, resultando em excelente acabamento. Elevada capacidade de retenção de parafusos e aceita satisfatoriamente verniz ou polimento, desde que seja primeiramente aplicado um selador para o enchimento dos poros da madeira[18].
- **DURABILIDADE:** durável e resistente ao ataque de fungos e cupins de madeira seca. Baixa resistência às brocas marinhas.
- **PRESERVAÇÃO:** alburno fácil de ser preservado e cerne não tratável com creosoto e nem com CCA-A, mesmo em tratamentos sob pressão.
- **USOS:** móveis, laminados decorativos, esquadrias, lambris, assoalhos, vigas, caibros, ripas, cruzetas, dormentes, pontes e outros.

- ***GENERAL CHARACTERISTICS:*** *heartwood chocolate brown when freshly cut, becoming dark brown after drying. Light brown narrow stripes, giving a fibrous aspect to the wood. Sapwood narrow grayish or pinkish gray, clearly distinct from the heartwood. Grain slightly interlocked, texture medium to coarse, luster moderate, not distinctive odor and taste.*
- ***DENSITY:*** *heavy wood, with density at 12% moisture content of 1,010 kg/m^3 and green density of 1,220 kg/m^3.*
- ***DRYING:*** *very difficult air-drying, with tendency for slight end checking and warping. Kiln-dries rapidly, with a moderate tendency for medium checking and twisting, when submitted to the drying schedule 3.*
- ***WORKABILITY:*** *moderately difficult to work. Good to saw, but difficult to plane due to interlocked grain. Easy to turn, with excellent finishing, and with good screw-holding properties. Finishes well with varnish or polishing since wood pores are filled properly [18].*
- ***DURABILITY:*** *durable and resistant to dry-wood fungi and termites. Low resistance to marine borers.*
- ***PRESERVATION:*** *sapwood easy to be preserved and heartwood not treatable with creosote or CCA-A, even with pressure-vacuum systems.*
- ***USES:*** *furniture, sliced veneers, framing, wainscoting, flooring, beams, shingles, shakes, crosspieces, railroad crossties, bridges and others.*

Corte tangencial
Flatsawn

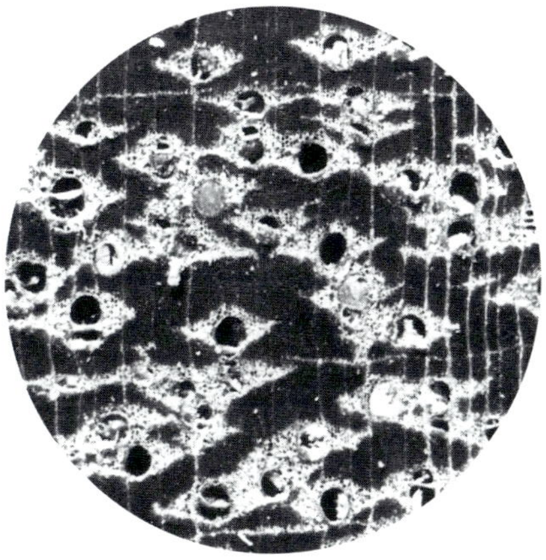

Seção transversal (x 10)
Cross section (x 10)

S SUMAÚMA - *Ceiba pentandra* (L.) Gaertn. - Bombacaceae

árvore-da-lã • ceiba • paina-lisa • paineira • sumaúma-barriguda • sumaúma-da-várzea (AM) • *fromager* • *silk-cotton-tree* • *kapok-tree*

- **CARACTERÍSTICAS GERAIS:** cerne e alburno indistintos, branco-rosado a marrom-claro-acinzentado. Anéis de crescimento indistintos, grã direita a revessa, textura média a grossa, brilho moderado e cheiro imperceptível.
- **DENSIDADE:** madeira leve, com densidade a 12% de umidade de 340 kg/m³ e densidade verde de 1.010 kg/m³.
- **SECAGEM:** muito rápida em estufa, com tendência a encanoamento de moderado a forte, no programa de secagem 1.
- **TRABALHABILIDADE:** fácil de serrar e aplainar, proporcionando uma superfície de acabamento lisa.
- **DURABILIDADE:** suscetível à podridão-branca, porém muito resistente ao fungo responsável pela podridão-parda[6]. Extremamente vulnerável a insetos e ao apodrecimento quando em contato com o solo[6]. As toras e tábuas são freqüentemente atacadas por fungos manchadores[6].
- **PRESERVAÇÃO:** bastante permeável às soluções preservativas em impregnação sob pressão[24].
- **USOS:** divisórias internas, caixas, engradados, construção naval, jangadas, brinquedos, aeromodelismo, compensados e outros.

- ***GENERAL CHARACTERISTICS:*** *indistinct heartwood and sapwood pinkish white to light grayish brown. Indistinct growth rings, grain straight to interlocked, texture medium to coarse, luster moderate and not distinctive odor.*
- ***DENSITY:*** *light wood, with density at 12% moisture content of 340 kg/m³ and green density of 1,010 kg/m³.*
- ***DRYING:*** *kiln-dries very rapidly, with tendency to moderate for pronounced cupping, when submitted to the drying schedule 1.*
- ***WORKABILITY:*** *easy to saw and plane, giving a smooth surface.*
- ***DURABILITY:*** *susceptible to white-rot fungi and very resistant to brown-rot fungi[6]. Rated as extremely vulnerable to decay and insects when in ground contact[6]. Logs and lumber often attacked by sap-staining fungi[6].*
- ***PRESERVATION:*** *very permeable to preservative solutions with pressure-vacuum systems[24].*
- ***USES:*** *interior partition walls, boxes, crates, boatbuilding, raftmaking, toys, model airplanes, plywood and others.*

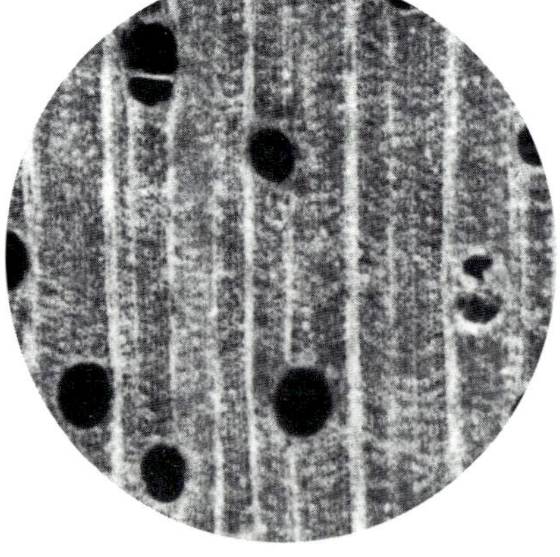

Seção transversal (x 10)
Cross section (x 10)

Corte tangencial
Flatsawn

TAMBORIL - *Enterolobium maximum* Ducke - Leguminosae Mimosoideae

fava-bolacha • fava-orelha-de-negro • fava-tamboril • faveira-grande • monjolo • timbaúba

- **CARACTERÍSTICAS GERAIS:** cerne marrom-claro a cinza-rosado, distinto do alburno branco. Figura tangencial causada por linhas vasculares bem destacadas e figura radial causada por linhas vasculares e raios destacados. Anéis de crescimento pouco distintos, grã revessa, textura média a grossa, brilho moderado e cheiro imperceptível.
- **DENSIDADE:** madeira leve, com densidade a 12% de umidade de 430 kg/m^3 e densidade verde de 1.050 kg/m^3.
- **SECAGEM:** muito rápida em estufa, apresentando tendência moderada a torcimento forte e a encanoamento e arqueamento médios, no programa de secagem 3.
- **TRABALHABILIDADE:** plaina: fácil de trabalhar, acabamento muito ruim e lixa: fácil de trabalhar, bom acabamento.
- **DURABILIDADE:** baixa durabilidade ao ataque de fungos, cupins e insetos de madeira seca[5].
- **PRESERVAÇÃO:** permeável às soluções preservativas[24].
- **USOS:** embarcações, móveis, artigos domésticos decorativos, torneados, brinquedos, utilidades domésticas, chapas e outros.

- ***GENERAL CHARACTERISTICS:*** *heartwood light brown to pinkish gray distinct from the white sapwood. Tangential figure caused by well demarcated vascular lines and radial figure caused by demarcated vascular lines and rays. Slight distinct growth rings, grain interlocked, texture medium to coarse, luster moderate and not distinctive odor.*
- ***DENSITY:*** *light wood, with density at 12% moisture content of 430 kg/m^3 and green density of 1,050 kg/m^3.*
- ***DRYING:*** *kiln-dries very rapidly, with a moderate tendency for pronounced twisting and medium cupping and spring, when submitted to the drying schedule 3.*
- ***WORKABILITY:*** *plane: easy to work, bad finishing; sand: easy to work, good finishing.*
- ***DURABILITY:*** *low resistance to fungi, termites and dry-wood insects*[5].
- ***PRESERVATION:*** *permeable to preservative solutions*[24].
- ***USES:*** *boatbuilding, furniture, decorative articles, turnery, toys, household utensils, panelling and others.*

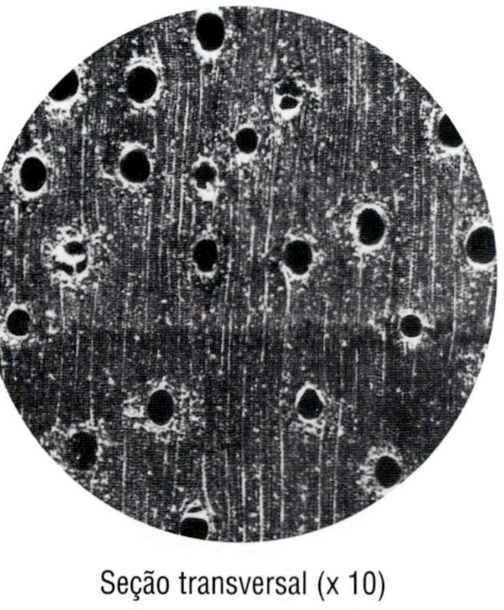

Seção transversal (x 10)
Cross section (x 10)

Corte tangencial
Flatsawn

T

TANIMBUCA - *Buchenavia* spp. - Combretaceae

cará • cuiarana • mirindiba • periquiteira • tanibuca • *yellow-sanders*

B. capitata Eichl., *B. huberi* Ducke, *B. macrophylla* Eichl., *B.* sp., *B. grandis* Ducke, *B. ochroprurumna* Eichl.

- **CARACTERÍSTICAS GERAIS:** cerne marrom, marrom-claro ou marrom-amarelado-claro, pouco distinto do alburno amarelo-pálido. Anéis de crescimento distintos e irregulares, grã direita ou revessa, textura fina a média e brilho moderado. Cheiro agradável quando verde e imperceptível após a secagem[8].
- **DENSIDADE:** madeira de densidade média, com densidade a 12% de umidade de 940 kg/m^3 para *B. huberi* e 840 kg/m^3 para *B. capitata* e densidade verde de 1.250 kg/m^3.
- **SECAGEM:** rápida em estufa, com tendência a encanoamento moderado, no programa de secagem 1.
- **TRABALHABILIDADE:** difícil de serrar e de aplainar. O acabamento superficial é regular na plaina e excelente na lixa, no torno e na broca.
- **DURABILIDADE:** resistência moderada ao ataque de fungos apodrecedores e altamente resistente a cupins[8]. Apresenta pequena resistência às brocas marinhas[6].
- **PRESERVAÇÃO:** alburno moderadamente fácil de tratar com creosoto e cerne não tratável com CCA-A, mesmo quando aplicados sob pressão.
- **USOS:** construção civil, assoalhos, lâminas decorativas, peças torneadas, cabos de ferramentas e outros.

- ***GENERAL CHARACTERISTICS:*** *heartwood brown, light brown or yellowish brown slightly distinct from the pale yellow sapwood. Distinct and irregular growth rings, grain straight or interlocked, texture fine to medium and luster moderate. Agreeable odor when green, which disappears after drying* [8].
- ***DENSITY:*** *medium density wood, with density at 12% moisture content of 940 kg/m^3 to* B. huberi *and 840 kg/m^3 to* B. capitata *and green density of 1,250 kg/m^3.*
- ***DRYING:*** *kiln-dries rapidly, with tendency for moderate cupping, when submitted to the drying schedule 1.*
- ***WORKABILITY:*** *difficult to saw and plane. Finishing is regular in planing and excellent in sanding, turning and boring.*
- ***DURABILITY:*** *moderately resistant to decay fungi and highly resistant to termites* [8]. *Low resistance to marine borers* [6].
- ***PRESERVATION:*** *sapwood moderately easy to be preserved and heartwood not treatable with CCA-A, even with pressure-vacuum systems.*
- ***USES:*** *civil construction, flooring, sliced veneers, turnery, tool handles and others.*

Fotos / *Photos: Couratari oblongifolia*

Corte tangencial
Flatsawn

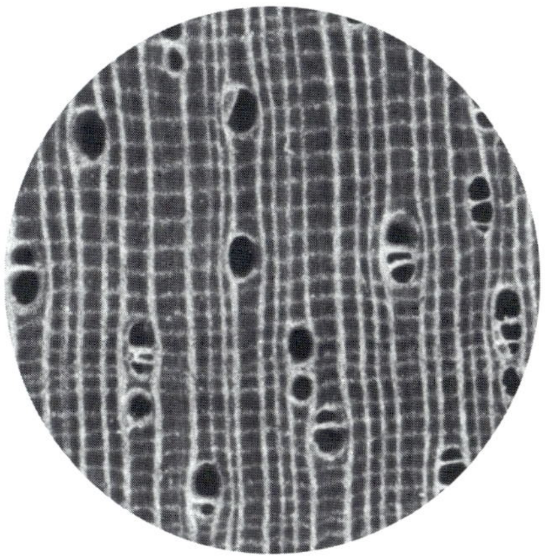

Seção transversal (x 10)
Cross section (x 10)

T

TAXI - *Tachigali myrmecophila* Ducke - Leguminosae Caesalpinoideae

taxi-pitomba • taxi-preto • taxi-preto-da-mata • taxi-preto-folha-grande • taxizeiro (AM) • taxizeiro-preto

- **CARACTERÍSTICAS GERAIS:** cerne e alburno indistintos de coloração amarela-oliva a marrom-amarelada-clara. Figura em listras escuras na face tangencial, causadas pelo destaque dos anéis de crescimento que apresentam-se distintos, regulares e ondulados. Grã revessa, textura média, brilho acentuado e cheiro imperceptível.
- **DENSIDADE:** madeira de densidade média, com densidade a 12% de umidade de 670 kg/m^3 e densidade verde de 1.120 kg/m^3.
- **SECAGEM:** moderadamente lenta em estufa, com tendência a rachaduras moderadas a fortes, quando utilizado o programa de secagem 1.
- **TRABALHABILIDADE:** moderadamente difícil de serrar e difícil para aplainar, resultando em superfícies tangenciais e radiais ásperas. O trabalho com brocas é fácil e de bom acabamento.
- **DURABILIDADE:** dado não disponível.
- **PRESERVAÇÃO:** difícil de preservar, com baixa retenção da solução preservativa.
- **USOS:** construção civil e naval, armação de móveis, chapas, caixas, engradados e outros.

- ***GENERAL CHARACTERISTICS:*** *indistinct heartwood and sapwood olive yellow to light yellowish brown. Figure with dark stripes in the tangential surface caused by the wavy, regular and well demarcated growth rings. Grain interlocked, texture medium, luster high and not distinctive odor.*
- ***DENSITY:*** *medium density wood, with density at 12% moisture content of 670 kg/m^3 and green density of 1,120 kg/m^3.*
- ***DRYING:*** *kiln-dries moderately slow, with tendency for moderate to pronounced checking, when submitted to the drying schedule 1.*
- ***WORKABILITY:*** *slightly difficult to saw and difficult to plane, resulting in rough tangential and radial surfaces. Easy and good finishing boring.*
- ***DURABILITY:*** *no information available.*
- ***PRESERVATION:*** *difficult to be preserved, with low retention of preservative solution.*
- ***USES:*** *civil and naval construction, furniture components, boards, boxes, crates and others.*

Corte radial
Quartersawn

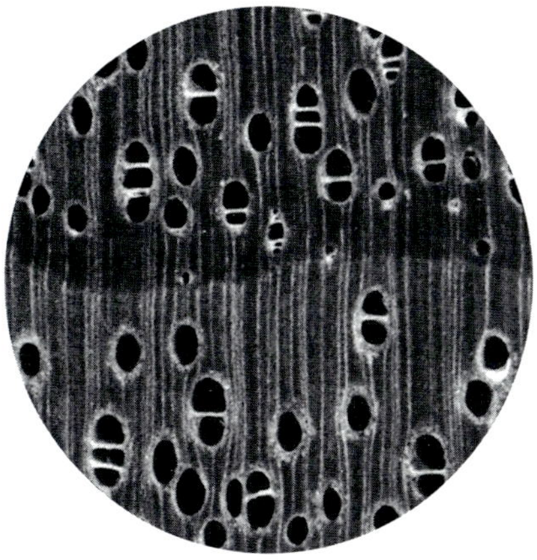

Seção transversal (x 10)
Cross section (x 10)

TIMBORANA - *Piptadenia suaveolens* Miq. - Leguminosae Mimosoideae

angico (AM) • angico-vermelho • fava-de-folha-miúda • faveira-folha-fina • paricá-grande-da-terra-firme • timbaúba

- **CARACTERÍSTICAS GERAIS:** cerne marrom a marrom-avermelhado, pouco distinto do alburno marrom-pálido. Anéis de crescimento distintos, grã revessa, textura média, brilho moderado e cheiro imperceptível.
- **DENSIDADE:** madeira pesada, com densidade a 12 % de umidade de 900 kg/m^3 e densidade verde de 1.170 kg/m^3.
- **SECAGEM:** muito rápida em estufa, apresentando rachaduras fortes, moderada tendência a encanoamento médio e a torcimento forte, no programa de secagem 1.
- **TRABALHABILIDADE:** serragem e aplainamento difíceis, porém com bons resultados no torneamento e na laminação. Aceita polimento. O acabamento superficial é ruim na lixa e na plaina, regular na broca e excelente no torno.
- **DURABILIDADE:** resistente ao ataque de fungos e insetos.
- **PRESERVAÇÃO:** moderadamente fácil de preservar com CCA-A e difícil de tratar com produto oleossolúvel, mesmo em tratamentos sob pressão.
- **USOS:** construção civil e naval, assoalhos, laminados decorativos, torneados, armação de móveis, carrocerias de caminhão, instrumentos musicais e outros.

- ***GENERAL CHARACTERISTICS:*** *heartwood brown to reddish brown, slightly distinct from the pale brown sapwood. Distinct growth rings, grain interlocked, texture medium, luster moderate and not distinctive odor.*
- ***DENSITY:*** *heavy wood, with density at 12% moisture content of 900 kg/m^3 and green density of 1,170 kg/m^3.*
- ***DRYING:*** *kiln-dries very rapid, with tendency for pronounced checking, moderate tendency for medium cupping and pronounced twisting, when submitted to the drying schedule 1.*
- ***WORKABILITY:*** *difficult to saw and plane but good to turn, peel into veneer and polishing. It does not finish well in sanding and planing, but it is excellent in turning.*
- ***DURABILITY:*** *resistant to fungi and insects.*
- ***PRESERVATION:*** *moderately easy to be preserved with CCA-A and difficult with oil-born product, even with pressure-vacuum systems.*
- ***USES:*** *civil and naval constructions, flooring, sliced veneers, turnery, furniture components, truck bodies, musical instruments and others.*

Corte radial
Quartersawn

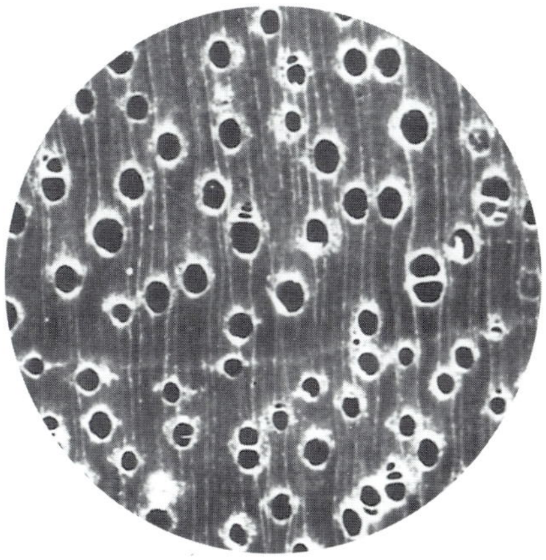

Seção transversal (x 10)
Cross section (x 10)

UXI - *Endopleura uchi* (Huber) Cuatr. - Humiriaceae

axuá • cumatê • paruru (AM) • pururu • uxi-pucu • uxi-liso • uxi-verdadeiro

- **CARACTERÍSTICAS GERAIS:** cerne e alburno pouco distintos, de coloração marrom-avermelhada-clara. Anéis de crescimento distintos, grã direita, textura média, brilho moderado e cheiro imperceptível.
- **DENSIDADE:** madeira de densidade média, com densidade a 12% de umidade de 930 kg/m^3 e densidade verde de 1.180 kg/m^3.
- **SECAGEM:** muito rápida em estufa, com moderada tendência a torcimento forte, no programa de secagem 1.
- **TRABALHABILIDADE:** plaina: regular de trabalhar, acabamento ruim; lixa: regular de trabalhar, acabamento ruim; torno: regular de trabalhar, excelente acabamento.
- **DURABILIDADE:** dado não disponível.
- **PRESERVAÇÃO:** alburno fácil de preservar com creosoto e com CCA-A; o cerne não é tratável com creosoto e é difícil de preservar com CCA-A, mesmo em tratamentos sob pressão.
- **USOS:** construção civil e naval, torneados, chapas e outros.

- ***GENERAL CHARACTERISTICS:*** *heartwood slight distinct from the light reddish brown sapwood. Distinct growth rings, grain straight, texture medium, luster moderate and not distinctive odor.*
- ***DENSITY:*** *medium density wood, with density at 12% moisture content of 930 kg/m^3 and green density of 1,180 kg/m^3.*
- ***DRYING:*** *kiln-dries very rapid, with moderate tendency for pronounced twisting, when submitted to the drying schedule 1.*
- ***WORKABILITY:*** *plane: regular to work, bad finishing; sand: regular to work, bad finishing; torn: regular to work, excellent finishing.*
- ***DURABILITY:*** *no information available.*
- ***PRESERVATION:*** *sapwood easy to be preserved with creosote and CCA-A; heartwood not treatable with creosote and difficult to preserve with CCA-A, even with pressure-vacuum systems.*
- ***USES:*** *civil and naval construction, boats, turnery, boards and others.*

Corte tangencial
Flatsawn

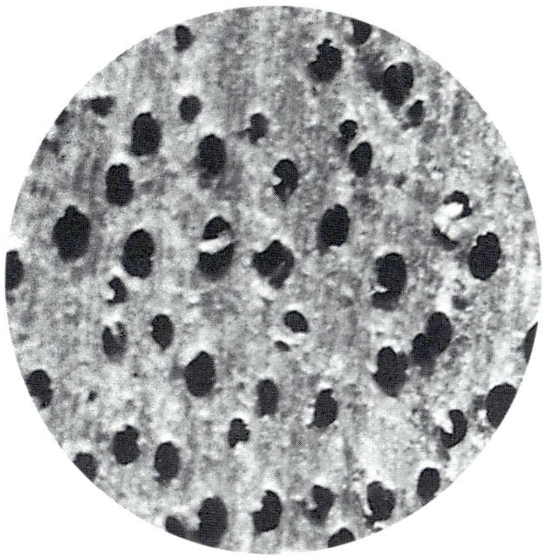

Seção transversal (x 10)
Cross section (x 10)

PROPRIEDADES FÍSICAS E MECÂNICAS / *PHYSICAL AND MECHANICAL PROPERTIES*

(Valores médios / *Medium values*)

ESPÉCIE *SPECIES*	**PROPRIEDADES FÍSICAS** *PHYSICAL PROPERTIES* — DENSIDADE BÁSICA *BASIC DENSITY* (g/cm³)	CONTRAÇÃO *SHRINKAGE* — Tangencial *Tangential* (Ct) (%)	CONTRAÇÃO *SHRINKAGE* — Radial *Radial* (Cr) (%)	CONTRAÇÃO *SHRINKAGE* — Volumétrica *Volumetric* (Cv) (%)	CONDIÇÃO *STATE*	**PROPRIEDADES MECÂNICAS** *MECHANICAL PROPERTIES* — FLEXÃO ESTÁTICA STATIC BENDING — Módulo de Ruptura *Modulus of rupture* MOR (kgf/cm²)	FLEXÃO ESTÁTICA STATIC BENDING — Módulo de Elasticidade *Modulus of elasticity* MOE (1000 kgf/cm²)	COMPRESSÃO COMPRESSION — Paralela às fibras *Pararell to the grain* (Máxima resistência) (Maximum compression) (kgf/cm²)	COMPRESSÃO COMPRESSION — Perpendicular às fibras *Perpendicular to the grain* (Esforço no limite proporcional) *(Stress at proportional limit)* (kgf/cm²)	TRAÇÃO TENSION — Perpendicular às fibras *Perpendicular to the grain* (Máxima resistência) (Maximum compression) (kgf/cm²)	CISALHAMENTO SHEAR — Máxima resistência *Maximum compression* (kgf/cm²)	DUREZA JANKA JANKA HARDNESS — Paralela *Parallel* (kgf)	DUREZA JANKA JANKA HARDNESS — Transversal *End* (kgf)
Amesclão					saturada*	507	78	253	36	32	67	357	257
Trattinnickia burseraefolia	0,44	7,2	5,1	11,8	12%	778	98	450	55	36	84	470	316
Andiroba					saturada	752	95	370	56	50	96	583	526
Carapa guianensis	0,59	8,1	4,4	12,6	12%	1093	120	609	90	41	111	841	640
Angelim-pedra					saturada	931	128	441	68	41	112	620	638
Hymenolobium modestum	0,65	7,7	4,6	13,5	12%	1208	135	611	107	39	140	806	747
Angelim-pedra					saturada	720	96	388	65	43	102	543	515
Hymenolobium petraeum	0,59	6,3	4,1	10,1	12%	1115	118	533	115	39	125	781	590
Angelim-vermelho					saturada	1220	153	615	105	53	134	1019	1108
Dinizia excelsa	0,83	9,5	5,7	14,5	12%	1600	173	873	151	39	180	1460	1381
Araracanga					saturada	937	129	480	76	52	112	708	696
Aspidosperma desmanthum	0,69	9,0	5,8	14,5	12%	1356	149	692	121	30	129	943	797
Bacuri**					saturada	987	130	437	-	63	103	709	-
Platonia insignis	0,67	8,1	4,6	13,4	15%	115	-	504	-	-	-	-	-
Cajuaçu**					saturada	-	-	-	-	-	-	-	-
Anacardium giganteum	-	6,3	3,4	10,3	15%	703	-	299	-	-	-	-	-
Cajuaçu					saturada	446	84	211	30	29	62	277	224
Anacardium spruceanum	0,42	6,0	2,9	9,4	12%	654	100	372	45	29	69	390	254
Cedrinho					saturada	590	87	300	33	27	61	384	324
Erisma uncinatum	0,48	8,7	3,6	12,9	12%	878	106	525	61	29	89	573	399
Cedrorana					saturada	722	125	414	33	45	68	401	364
Cedrelinga catenaeformis	0,44	7,9	4,8	11,8	12%	793	131	475	37	46	73	404	386
Copaíba					saturada	753	113	350	65	44	91	538	543
Copaifera duckei / C. reticulata	0,62	8,2	4,1	12,5	12%	1179	123	600	99	44	122	867	664
Copaíba**					saturada	851	98	350	-	69	102	-	433
Copaifera langsdorffii	-	6,7	4,1	11,5	15%	1028	-	504	-	-	-	-	-
Cumaru					saturada	1364	162	693	160	64	169	1292	1393
Dipteryx odorata	0,91	8,4	5,4	13,5	12%	1764	183	987	210	49	224	1339	1601
Cupiúba					saturada	916	117	485	94	66	125	778	747
Goupia glabra	0,71	8,4	4,5	13,2	12%	1340	149	689	148	42	148	1019	830
Curupixá					saturada	804	130	413	66	40	108	645	582
Micropholis venulosa	0,67	9,7	4,7	14,0	12%	-	142	662	102	40	147	1018	780
Faieira					saturada	994	148	497	87	61	109	805	839
Roupala montana	0,77	12,3	6,3	18	12%	1614	173	846	112	63	157	976	984
Fava-amargosa					saturada	1219	137	559	81	40	145	695	745
Vatairea paraensis	0,78	9,8	4,8	14,0	12%	1513	153	793	131	42	161	934	986
Fava-amargosa					saturada	1003	134	507	84	43	116	741	762
Vatairea sericea	0,71	8,4	4,5	13,9	12%	1381	152	661	114	36	141	780	805
Faveira-bolota					saturada	660	96	323	49	40	83	468	425
Parkia pendula	0,51	7,2	2,5	10,0	12%	939	110	489	78	38	99	534	435
Faveira-branca					saturada	499	72	230	37	37	66	329	289
Parkia multijuga	0,38	7,0	2,9	9,8	12%	618	88	377	57	39	82	409	303
Faveira-branca					saturada	520	104	236	30	32	78	312	256
Parkia paraensis	0,44	7,6	3,5	11,9	12%	750	117	394	47	35	98	399	337
Goiabão					saturada	1009	131	460	72	46	102	828	744
Pouteria pachycarpa	0,73	11,2	6,2	16,5	12%	1586	167	755	118	59	185	1552	1307
Guariúba					saturada	844	110	446	73	42	109	614	530
Clarisia racemosa	0,60	6,2	3,1	10,0	12%	1110	124	658	95	29	119	799	624
Ipê					saturada	1576	143	800	183	-	163	1155	1265
Tabebuia serratifolia	0,87	10,1	7,4	18,4	12%	2046	169	1021	251	-	169	1665	1471

* *saturated*

** Dados retirados de MAINIERI (1978), seguindo a Norma Brasileira MB-26/53 - ABNT (NBR-6230/85 - INMETRO)

** *Data extracted from* MAINIERI (1978), *according to the Brazilian Standard* MB-26/53 - ABNT (NBR-6230/85 - INMETRO)

Jarana					saturada*	-	-	-	-	-	-	-	-
Lecythis lurida	-	-	-	-	12%	-	-	-	-	-	-	-	-
Jatobá					saturada	1093	146	559	101	69	148	902	965
Hymenaea courbaril	0,76	7,7	3,4	11,4	12%	1399	159	773	141	68	194	1253	1116
Louro					saturada	716	106	368	46	59	103	400	351
Ocotea neesiana	0,63	7,8	3,6	11,1	12%	1101	121	612	73	56	127	503	458
Louro-faia					saturada	-	-	-	-	-	-	-	-
Euplassa spp.	-	-	-	-	12%	-	-	-	-	-	-	-	-
Louro-vermelho					saturada	620	89	309	47	35	69	311	326
Nectandra rubra	0,55	7,9	3,2	11,9	12%	794	109	509	49	30	75	342	343
Macacaúba					saturada	-	-	-	-	-	-	-	-
Platymiscium spp.	-	-	-	-	12%	-	-	-	-	-	-	-	-
Maçaranduba					saturada	1081	126	539	127	60	129	669	781
Manilkara amazonica	0,83	8,3	5,9	13,8	12%	1307	138	648	155	57	163	887	928
Mandioqueira					saturada	674	111	404	45	38	96	539	447
Qualea albiflora	0,57	9,5	5,3	14,7	12%	1095	131	584	79	45	133	846	613
Marupá					saturada	445	67	199	29	37	61	137	123
Simarouba amara	0,37	6,8	4,8	8,3	12%	653	74	337	45	28	71	276	143
Morototó					saturada	401	90	175	20	29	64	262	197
Schefflera morototoni	0,48	9,1	6,7	15,7	12%	725	113	405	46	39	106	489	358
Muiracatiara-rajada					saturada	1042	132	523	99	53	137	801	906
Astronium lecointei	0,79	7,6	4,6	11,9	12%	1391	153	840	141	55	171	891	978
Muirapiranga					saturada	1063	130	528	119	41	114	779	716
Brosimum rubescens	0,73	7,8	5,3	13,2	12%	1394	149	727	125	42	137	1070	918
Munguba-grande-da-terra-firme					saturada	488	80	228	34	22	53	295	272
Eriotheca longipedicellata	0,45	9,8	4,5	14,9	12%	895	106	486	60	36	83	630	469
Orelha-de-macaco					saturada	1179	149	581	142	64	154	884	986
Enterolobium schomburgkii	0,84	9,3	4,2	12,7	12%	1648	171	802	151	56	177	946	1064
Parapará					saturada	346	71	157	15	17	40	203	140
Jacaranda copaia	0,31	8,2	5,4	13,9	12%	562	89	313	31	29	61	336	192
Pau-amarelo					saturada	998	124	472	98	46	126	780	800
Euxylophora paraensis	0,69	7,8	6,5	13,1	12%	1294	140	708	122	42	181	1268	1121
Pequiá					saturada	743	100	322	91	55	103	372	392
Caryocar villosum	0,63	8,5	4,3	12,6	12%	1018	114	474	95	56	124	496	514
Pequiarana**					saturada	831	139	441	-	81	121	530	-
Caryocar glabrum	0,65	8,0	3,9	14,3	15%	1147	-	610	-	-	-	-	-
Quaruba					saturada	617	95	300	49	38	86	442	434
Vochysia maxima	0,49	8,8	4,0	12,1	12%	930	114	485	58	35	102	560	481
Roxinho					saturada	1317	157	694	207	44	145	1199	1331
Peltogyne paniculata	0,81	8,1	5,1	12,7	12%	1908	181	923	203	29	185	1650	1536
Sapucaia					saturada	1141	147	546	119	53	149	916	1096
Lecythis pisonis subsp. *usitata*	0,84	8,0	5,6	13,9	12%	1529	151	716	152	43	175	1325	1284
Sucupira					saturada	1369	164	746	101	64	149	1203	1266
Bowdichia nitida	0,85	9,0	6,0	14,7	12%	1857	183	941	162	42	194	1514	1550
Sumaúma					saturada	269	43	128	16	18	30	149	133
Ceiba pentandra	0,29	5,5	2,7	9,3	12%	299	45	242	19	19	38	236	154
Tamboril					saturada	442	73	202	26	27	72	311	275
Enterolobium maximum	0,37	4,5	2,4	6,7	12%	498	78	384	42	23	90	393	288
Tanimbuca					saturada	1035	132	538	105	59	106	956	983
Buchenavia huberi	0,79	9,1	6,0	14,7	12%	1580	156	853	-	46	167	1358	1186
Tatajuba					saturada	1067	115	572	105	74	120	830	703
Bagassa guianensis	0,70	5,8	4,1	9,5	12%	2269	118	801	139	53	128	1007	753
Tauari					saturada	685	94	324	58	52	83	481	429
Couratari guianensis	0,52	6,1	3,6	10,4	12%	1061	117	550	79	42	104	665	516
Tauari					saturada	589	95	277	46	33	69	380	356
Couratari oblongifolia	0,50	6,6	4,2	10,9	12%	905	108	477	62	37	87	542	380
Tauari					saturada	990	134	454	83	54	98	695	679
Couratari stellata	0,65	7,8	5,8	13,4	12%	1367	146	705	118	46	131	895	710
Taxi					saturada	822	115	402	53	48	114	598	588
Tachigali myrmecophila	0,57	7,5	5,2	11,9	12%	1332	132	586	90	38	144	877	803
Timborana					saturada	1079	134	541	89	46	139	739	835
Piptadenia suaveolens	0,76	8,3	5,1	13,1	12%	1498	157	798	142	54	162	898	979
Uxi					saturada	1163	146	556	80	55	139	954	912
Endopleura uchi	0,78	9,6	6,4	15,6	12%	1567	156	763	133	63	191	1337	1059

* *saturated*

** Dados retirados de MAINIERI (1978), seguindo a Norma Brasileira MB-26/53 - ABNT (NBR-6230/85 - INMETRO)

** *Data extracted from* MAINIERI (1978), *according to the Brazilian Standard* MB-26/53 - ABNT (NBR-6230/85 - INMETRO)

AGRUPAMENTOS DAS MADEIRAS / *WOOD SPECIES GROUPING*

COR DO CERNE / *COLOR OF THE HEARTWOOD*

Branca / *White*

Faveira-branca *(Parkia* spp.*)* *
Marupá *(Simarouba amara)*
Morototó *(Schefflera morototoni)*
Parapará *(Jacaranda copaia)*
Pequiarana *(Caryocar glabrum)*
Sumaúma *(Ceiba pentandra)*
Tauari *(Couratari* spp.*)* *

Rosa / *Pink*

Louro-faia *(Euplassa* spp.*)*
Quaruba *(Vochysia* spp.*)*

Amarela / *Yellow*

Araracanga *(Aspidosperma desmanthum)*
Goiabão *(Pouteria pachycarpa)*
Pau-amarelo *(Euxylophora paraensis)*
Tatajuba *(Bagassa guianensis)*
Taxi *(Tachigali myrmecophila)* *

Vermelha / *Red*

Maçaranduba *(Manilkara* spp.*)*
Muirapiranga *(Brosimum* spp.*)*
Sapucaia *(Lecythis pisonis)*
Muiracatiara-rajada *(Astronium lecointei)* *

Oliva / *Olive*

Ipê *(Tabebuia* spp.*)*

Castanha / *Light brown*

Jarana *(Lecythis lurida)*
Macacaúba *(Platymiscium* spp.*)* *
Guariúba *(Clarisia racemosa)* *

Marrom / *Brown*

Amesclão *(Trattinnickia burseraefolia)*
Andiroba *(Carapa guianensis)*
Angelim-pedra *(Hymenolobium* spp.*)*
Angelim-vermelho *(Dinizia excelsa)*
Bacuri *(Platonia insignis)*
Cedrinho *(Erisma uncinatum)*
Copaíba *(Copaifera* spp.*)*
Cumaru *(Dipteryx odorata)*
Cupiúba *(Goupia glabra)*
Curupixá *(Micropholis venulosa)*
Fava-amargosa *(Vatairea* spp.*)*
Faveira-bolota *(Parkia pendula)*
Jatobá *(Hymenaea courbaril)*
Louro *(Ocotea* spp.*)*
Louro-vermelho *(Nectandra rubra)*
Munguba-grande-da-terra-firme *(Eriotheca longipedicellata)*
Orelha-de-macaco *(Enterolobium schomburgkii)*
Pequiá *(Caryocar villosum)*
Sucupira *(Bowdichia nitida)*
Tamboril *(Enterolobium maximum)*
Tanimbuca *(Buchenavia* spp.*)*
Timborana *(Piptadenia suaveolens)*
Uxi *(Endopleura uchi)*

Roxa / *Purple*

Roxinho *(Peltogyne* spp.*)* *

Cinza / *Gray*

Cajuaçu *(Anacardium* spp.*)*
Mandioqueira *(Qualea albiflora)*

* Ver ficha da espécie. / *See wood descriptions.*

TEXTURA / *TEXTURE*

Fina / *Fine*

Curupixá *(Micropholis venulosa)*
Maçaranduba *(Manilkara* spp.*)*
Tanimbuca *(Buchenavia* spp.*)* *

Média / *Medium*

Amesclão *(Trattinnickia burseraefolia)*
Andiroba *(Carapa guianensis)*
Angelim-vermelho *(Dinizia excelsa)*
Araracanga *(Aspidosperma desmanthum)*
Bacuri *(Platonia insignis)*
Cajuaçu *(Anacardium* spp.*)*
Cedrinho *(Erisma uncinatum)*
Copaíba *(Copaifera* spp.*)*
Cumaru *(Dipteryx odorata)* *
Cupiúba *(Goupia glabra)*
Faveira-bolota *(Parkia pendula)* *
Faveira-branca *(Parkia* spp.*)*
Goiabão *(Pouteria pachycarpa)* *
Guariúba *(Clarisia racemosa)*
Ipê *(Tabebuia* spp.*)*
Jarana *(Lecythis lurida)*
Jatobá *(Hymenaea courbaril)*
Louro *(Ocotea* spp.*)*
Louro-vermelho *(Nectandra rubra)*
Macacaúba *(Platymiscium* spp.*)*
Mandioqueira *(Qualea albiflora)*
Marupá *(Simarouba amara)*
Morototó *(Schefflera morototoni)*
Muiracatiara-rajada *(Astronium lecointei)*
Muirapiranga *(Brosimum* spp.*)* *
Munguba-grande-da-terra-firme *(Eriotheca longipedicellata)*
Orelha-de-macaco *(Enterolobium schomburgkii)* *
Parapará *(Jacaranda copaia)*
Pau-amarelo *(Euxylophora paraensis)* *
Pequiá *(Caryocar villosum)*
Quaruba *(Vochysia* spp.*)* *
Roxinho *(Peltogyne* spp.*)* *
Sapucaia *(Lecythis pisonis)*
Sucupira *(Bowdichia nitida)* *
Sumaúma *(Ceiba pentandra)* *
Tamboril *(Enterolobium maximum)* *
Tatajuba *(Bagassa guianensis)*
Tauari *(Couratari* spp.*)*
Taxi *(Tachigali myrmecophila)*
Timborana *(Piptadenia suaveolens)*
Uxi *(Endopleura uchi)*

Grossa / *Coarse*

Angelim-pedra *(Hymenolobium* spp.*)*
Cedrorana *(Cedrelinga catenaeformis)*
Faieira *(Roupala montana)*
Fava-amargosa *(Vatairea* spp.*)*
Louro-faia *(Euplassa* spp.*)*
Pequiarana *(Caryocar glabrum)*

GRÃ / *GRAIN*

Ondulada / Wavy

Cedrorana *(Cedrelinga catenaeformis)*
Curupixá *(Micropholis venulosa)*
Louro-faia *(Euplassa* spp.*)*
Muiracatiara-rajada *(Astronium lecointei)*

* Ver ficha da espécie. / *See wood descriptions.*

GRÃ / *GRAIN*

Direita / *Straight*

Andiroba *(Carapa guianensis)* *
Bacuri *(Platonia insignis)*
Cajuaçu *(Anacardium* spp.*)* *
Cedrinho *(Erisma uncinatum)* *
Copaíba *(Copaifera* spp.*)* *
Faieira *(Roupala montana)*
Faveira-bolota *(Parkia pendula)* *
Faveira-branca *(Parkia* spp.*)* *
Goiabão *(Pouteria pachycarpa)* *
Guariúba *(Clarisia racemosa)* *
Jarana *(Lecythis lurida)*
Louro *(Ocotea* spp.*)* *
Louro-vermelho *(Nectandra rubra)* *
Maçaranduba *(Manilkara* spp.*)*
Marupá *(Simarouba amara)*
Morototó *(Schefflera morototoni)*
Muirapiranga *(Brosimum* spp.*)* *
Munguba-grande-da-terra-firme *(Eriotheca longipedicellata)* *
Parapará *(Jacaranda copaia)*
Pau-amarelo *(Euxylophora paraensis)* *
Roxinho *(Peltogyne* spp.*)* *
Sucupira *(Bowdichia nitida)* *
Sumaúma *(Ceiba pentandra)* *
Tanimbuca *(Buchenavia* spp.*)* *
Tauari *(Couratari* spp.*)*
Uxi *(Endopleura uchi)*

Revessa / *Interlocked*

Amesclão *(Trattinnickia burseraefolia)*
Angelim-pedra *(Hymenolobium* spp.*)*
Angelim-vermelho *(Dinizia excelsa)*
Araracanga *(Aspidosperma desmanthum)*
Cajuaçu *(Anacardium* spp.*)* *
Cumaru *(Dipteryx odorata)*
Cupiúba *(Goupia glabra)*
Fava-amargosa *(Vatairea* spp.*)*
Ipê *(Tabebuia* spp.*)*
Jatobá *(Hymenaea courbaril)*
Macacaúba *(Platymiscium* spp.*)*
Mandioqueira *(Qualea albiflora)*
Orelha-de-macaco *(Enterolobium schomburgkii)* *
Pequiá *(Caryocar villosum)*
Pequiarana *(Caryocar glabrum)*
Quaruba *(Vochysia* spp.*)*
Sapucaia *(Lecythis pisonis)*
Tamboril *(Enterolobium maximum)*
Tatajuba *(Bagassa guianensis)*
Taxi *(Tachigali myrmecophila)*
Timborana *(Piptadenia suaveolens)*

DENSIDADE / *DENSITY*

Madeiras leves / *Light woods*

Amesclão *(Trattinnickia burseraefolia)*
Cajuaçu *(Anacardium* spp.*)*
Cedrinho *(Erisma uncinatum)*
Cedrorana *(Cedrelinga catenaeformis)*
Faveira-branca *(Parkia multijuga)*
Faveira-branca *(Parkia paraensis)*
Faveira-branca *(Parkia oppositifolia)*
Marupá *(Simarouba amara)*
Morototó *(Schefflera morototoni)*
Munguba-grande-da-terra-firme *(Eriotheca longipedicellata)*
Parapará *(Jacaranda copaia)*
Quaruba *(Vochysia* spp.*)*
Sumaúma *(Ceiba pentandra)*
Tamboril *(Enterolobium maximum)*
Tauari *(Couratari oblongifolia)*

* Ver ficha da espécie. / *See wood descriptions.*

DENSIDADE / *DENSITY*

Madeiras de densidade média
Medium density woods

Andiroba *(Carapa guianensis)*
Angelim-pedra *(Hymenolobium* spp.*)*
Araracanga *(Aspidosperma desmanthum)*
Copaíba *(Copaifera* spp.*)*
Cupiúba *(Goupia glabra)*
Curupixá *(Micropholis venulosa)*
Faveira-bolota *(Parkia pendula)*
Guariúba *(Clarisia racemosa)*
Louro *(Ocotea* spp.*)*
Louro-faia *(Euplassa* spp.*)*
Louro-vermelho *(Nectandra rubra)*
Mandioqueira *(Qualea albiflora)*
Pau-amarelo *(Euxylophora paraensis)*
Pequiá *(Caryocar villosum)*
Pequiarana *(Caryocar glabrum)*
Tanimbuca *(Buchenavia* spp.*)*
Tatajuba *(Bagassa guianensis)*
Taxi *(Tachigali myrmecophila)*
Tauari *(Couratari guianensis)*
Tauari *(Couratari stellata)*
Uxi *(Endopleura uchi)*

Madeiras pesadas / *Heavy woods*

Angelim-vermelho *(Dinizia excelsa)*
Bacuri *(Platonia insignis)*
Cumaru *(Dipteryx odorata)*
Faieira *(Roupala montana)*
Fava-amargosa *(Vatairea* spp.*)*
Goiabão *(Pouteria pachycarpa)*
Ipê *(Tabebuia* spp.*)*
Jarana *(Lecythis lurida)*
Jatobá *(Hymenaea courbaril)*
Macacaúba *(Platymiscium* spp.*)*
Maçaranduba *(Manilkara* spp.*)*
Muiracatiara-rajada *(Astronium lecointei)*
Muirapiranga *(Brosimum* spp.*)*
Orelha-de-macaco *(Enterolobium schomburgkii)*
Roxinho *(Peltogyne* spp.*)*
Sapucaia *(Lecythis pisonis)*
Sucupira *(Bowdichia nitida)*
Timborana *(Piptadenia suaveolens)*

CAPACIDADE DE FLUTUAR DAS TORAS / *LOGS FLOATING CAPACITY*

Madeiras que flutuam e podem ser transportadas em jangadas
Species that float, that can be transported in rafts.

Amesclão *(Trattinnickia burseraefolia)*
Andiroba *(Carapa guianensis)*
Cajuaçu *(Anacardium* spp.)
Cedrinho *(Erisma uncinatum)*
Cedrorana *(Cedrelinga catenaeformis)*
Faveira-branca *(Parkia* spp.)
Louro-faia *(Euplassa* spp.)
Louro-vermelho *(Nectandra rubra)*
Mandioqueira *(Qualea albiflora)*
Marupá *(Simarouba amara)*
Morototó *(Schefflera morototoni)*
Munguba-grande-da-terra-firme *(Eriotheca longipedicellata)*
Parapará *(Jacaranda copaia)*
Quaruba *(Vochysia* spp.)
Sumaúma *(Ceiba pentandra)*
Tamboril *(Enterolobium maximum)*
Tauari *(Couratari guianensis/ C. oblongifolia)*
Taxi *(Tachigali myrmecophila)*

*Contribuição / *Contribution*: Richard Bruce

OCORRÊNCIA DAS MADEIRAS
OCCURRENCE OF THE SPECIES

Estados do Pará (PA), Amazonas (AM), Acre (AC), Mato Grosso (MT), Rondônia (RO) e Maranhão (MA) - (ver Figura 3)
States of Pará (PA), Amazonas (AM), Acre (AC), Mato Grosso (MT), Rondônia (RO) and Maranhão (MA) - *(see Figure 3)*

	NOME COMUM *COMMON NAMES*	NOME CIENTÍFICO *SCIENTIFIC NAMES*	ESTADOS / *STATES*					
			PA	AM	AC	MT	RO	MA
1.	Amesclão	*Trattinnickia burseraefolia*	×	×	×	×	×	×
2.	Andiroba	*Carapa guianensis*	×	×	×		×	
3.	Angelim-pedra	*Hymenolobium* spp.	×	×	×	×	×	
4.	Angelim-vermelho	*Dinizia excelsa*	×	×	×	×	×	
5.	Araracanga	*Aspidosperma desmanthum*	×	×				
6.	Bacuri	*Platonia insignis*	×	×	×			
7.	Cajuaçu	*Anacardium* spp.	×	×	×	×	×	×
8.	Cedrinho	*Erisma uncinatum*	×	×	×		×	
9.	Cedrorana	*Cedrelinga catenaeformis*	×	×		×	×	
10.	Copaíba	*Copaifera* spp.	×	×	×	×	×	×
11.	Cumaru	*Dipteryx odorata*	×	×	×	×	×	×
12.	Cupiúba	*Goupia glabra*	×	×		×	×	
13.	Curupixá	*Micropholis venulosa*	×	×			×	×
14.	Faieira	*Roupala montana*	×	×			×	
15.	Fava-amargosa	*Vatairea* spp.	×	×	×		×	
16.	Faveira-bolota	*Parkia pendula*	×	×	×	×	×	×
17.	Faveira-branca	*Parkia* spp.	×	×				×
18.	Goiabão	*Pouteria pachycarpa*	×	×				×
19.	Guariúba	*Clarisia racemosa*	×	×	×		×	
20.	Ipê	*Tabebuia* spp.	×	×	×	×	×	×
21.	Jarana	*Lecythis lurida*	×	×				×
22.	Jatobá	*Hymenaea courbaril*	×	×	×	×	×	×
23.	Louro	*Nectandra* spp./ *Ocotea* spp.	×	×	×		×	
24.	Louro-faia	*Euplassa* spp.	×	×		×	×	
25.	Louro-vermelho	*Nectandra rubra*	×	×			×	
26.	Macacaúba	*Platymiscium* spp.	×	×	×			×
27.	Maçaranduba	*Manilkara* spp.	×	×	×		×	×
28.	Mandioqueira	*Qualea albiflora*	×	×	×			
29.	Marupá	*Simarouba amara*	×	×	×	×	×	
30.	Morototó	*Schefflera morototoni*	×	×		×	×	
31.	Muiracatiara-rajada	*Astronium lecointei*	×		×	×	×	×
32.	Muirapiranga	*Brosimum* spp.	×	×		×	×	
33.	Munguba-grande-da-terra-firme	*Eriotheca longipedicellata*	×		×			
34.	Orelha-de-macaco	*Enterolobium schomburgkii*	×	×	×	×	×	
35.	Parapará	*Jacaranda copaia*	×	×	×	×	×	
36.	Pau-amarelo	*Euxylophora paraensis*	×	×			×	
37.	Pequiá	*Caryocar villosum*	×	×	×		×	
38.	Pequiarana	*Caryocar glabrum*	×	×	×			
39.	Quaruba	*Vochysia* spp.	×	×	×	×	×	×
40.	Roxinho	*Peltogyne* spp.	×	×	×		×	
41.	Sapucaia	*Lecythis pisonis*	×	×			×	
42.	Sucupira	*Bowdichia nitida*	×	×	×	×	×	×
43.	Sumaúma	*Ceiba pentandra*	×	×	×		×	
44.	Tamboril	*Enterolobium maximum*	×	×		×		
45.	Tanimbuca	*Buchenavia* spp.	×	×	×	×	×	
46.	Tatajuba	*Bagassa guianensis*	×	×	×		×	×
47.	Tauari	*Couratari* spp.	×	×	×	×	×	×
48.	Taxi	*Tachigali myrmecophila*	×	×	×			
49.	Timborana	*Piptadenia suaveolens*	×	×	×			
50.	Uxi	*Endopleura uchi*	×	×	×		×	

Obs:
Estados onde, com certeza, a madeira pode ser encontrada. Não elimina a possibilidade de ocorrência em outros locais.
States were it is sure the species can be encountered. This does not mean that the species can not be met in another place.

Figura 3: Mapa do Brasil

Figure 3: Map of Brazil

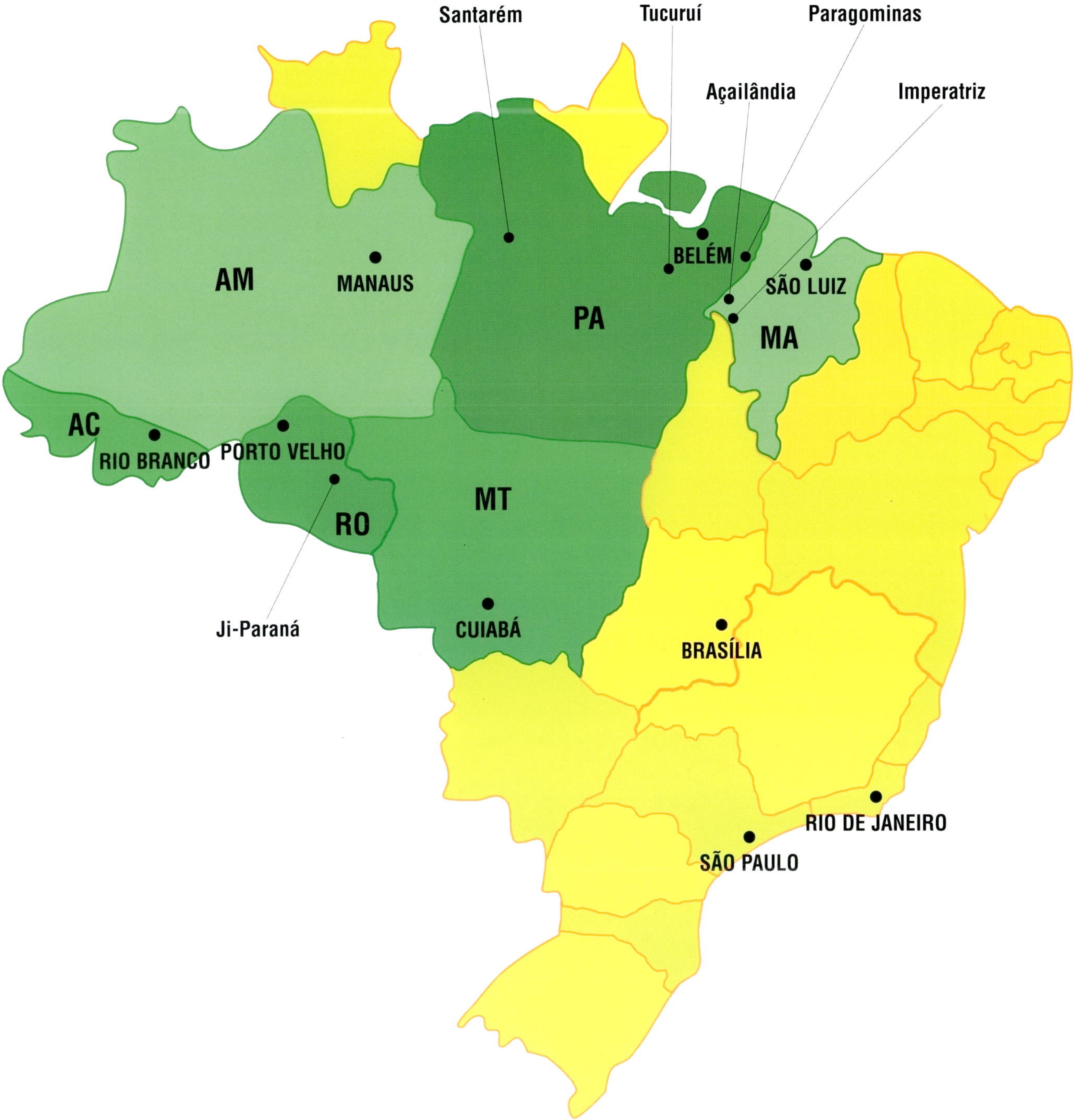

FORNECEDORES / *PRODUCERS*

Os fornecedores das madeiras constantes neste catálogo podem ser contactados através das seguintes federações / associações / sindicatos de madeireiros:

The producers of the wood species of this catalogue can be contacted by means of the following federation/association/syndicate of wood producers:

ACRE

SINDICATO DA INDÚSTRIA MADEIREIRA DO ESTADO DO ACRE
Rua Guilhermino Vaz, 269 - Bairro Triângulo • Rio Branco - AC - Brasil - 69901-340
Telefone: (068) 223-2097, 223-1427, 223-1828, 223-2048 • Fax: (068) 224-7087

AMAZONAS

SICLAM - SINDICATO DAS INDÚSTRIAS DE MADEIRAS COMPENSADAS E LAMINADAS NO ESTADO DO AMAZONAS
Av. Joaquim Nabuco, 1919 - 2°andar - sala 203
Edifício Albano Franco • Manaus - AM - Brasil - 69020-031
Telefone: (092) 233-8591, 233-4670 R.271, 272 e 275 • Fax: (092) 232-9949, 234-2678

MARANHÃO

SINDIMIR - SINDICATO DAS INDÚSTRIAS MADEIREIRAS DE IMPERATRIZ E REGIÃO
Rua Piauí, 861 - 1° andar - sala 101
Imperatriz - MA - Brasil - 65901-600
Telefax. (098) 721-8624

SIDIMA - SINDICATO DA INDÚSTRIA MADEIREIRA DE AÇAILÂNDIA
Rua Duque de Caxias, 1135 - Centro
Açailândia - MA - Brasil - 65926-000
Telefax. (098) 738-1731

MATO GROSSO

FIEMT - FEDERAÇÃO DAS INDÚSTRIAS DO ESTADO DE MATO GROSSO
Av. Historiador Rubens de Mendonça, 4193
Cuiabá - MT - Brasil - 78055-500
Telefone: (065) 644-1555 • Fax: (065) 644-1175

PARÁ

SINDISERPA - SINDICATO DA INDÚSTRIA DE SERRARIA, CARPINTARIAS, TANOARIAS, MADEIRAS COMPENSADAS E AGLOMERADAS E CHAPAS DE FIBRAS DE MADEIRAS DE PARAGOMINAS
Av. Presidente Castelo Branco, s/nº
Paragominas - PA - Brasil - 68625-000
Telefax: (091) 729-3566

AIMEX - ASSOCIAÇÃO DAS INDÚSTRIAS EXPORTADORAS DE MADEIRAS DO ESTADO DO PARÁ
Tv. Quintino Bocaiuva, 1588 - 5°andar - Ed. Casa da Indústria
Belém - PA - Brasil - 66035-190
Fones: (091) 224-4950, 224-1666 R.206 • Fax: (091) 222-5419

SINDIMAD - SINDICATO DA INDÚSTRIA DE SERRARIA, CARPINTARIAS, TANOARIAS, MADEIRAS COMPENSADAS E AGLOMERADAS E CHAPAS DE FIBRAS DE MADEIRAS DE BELÉM E ANANINDEUA
Tv. Quintino Bocaiuva, 1588 - 5°andar - Ed. Casa da Indústria
Belém - PA - Brasil - 66035-190
Fones: (091) 224-4950, 224-1666 R.206 • Fax: (091) 222-5419

SIMATUR - SINDICATO DAS INDÚSTRIAS DE MADEIRA DE TUCURUÍ E REGIÃO
Tv. Lauro Sodré, 544 - 1°andar
Tucuruí - PA - Brasil - 68456-000
Caixa postal (POBox) - 29
Telefax: (091)787-2013, 787-1513

ASSIMAS - ASSOCIAÇÃO DAS INDÚSTRIAS MADEIREIRAS DE SANTARÉM
Tv. Luiz Barbosa, 884 - Fátima
Santarém - PA - Brasil - 68040-420
Telefax: (091) 523-1783

RONDÔNIA

ASSOCIAÇÃO DAS INDÚSTRIAS MADEIRA-MOVELEIRAS DO ESTADO DE RONDÔNIA
Av. Marechal Rondon, 2233 - Bairro 2 de Abril
Ji-Paraná - RO - Brasil - 78960-000
Caixa postal (POBox) - 75
Fone: (069) 422-1322 • Fax: (069) 422-2023

OBSERVAÇÃO / *REMARK*

A fim de evitar problemas na comercialização destas espécies, o IBAMA sugere que as madeiras não sejam comercializadas apenas pelo nome comum, mas também pelo nome científico. Recomenda-se que fornecedores e/ou consumidores procedam à correta identificação das espécies, recorrendo a uma instituição competente. O próprio IBAMA mantém um serviço desta natureza no Laboratório de Produtos Florestais - LPF, em Brasília.

Marketing with use of both common and scientific names can minimize confusion. Thus, producers and consumers should confirm the correct identification. IBAMA conducts this type of identification service in the Laboratório de Produtos Florestais - LPF, Brasília.

ÍNDICE DE NOMES COMUNS E CIENTÍFICOS
INDEX OF COMMON AND SCIENTIFIC NAMES

REFERÊNCIAS BIBLIOGRÁFICAS
REFERENCES

1. ANÔNIMO. *As Madeiras Brasileiras: suas características e aplicações industriais.* 3 ed. São Paulo: Ed. Industrial Teco, 1989.153 p.

2. BROTERO, F.A. *Métodos de ensaios adotados no IPT para o estudo de madeiras nacionais.* Boletim nº 31, 2ed. IPT, 1956. 28p.

3. BROWEN, W. H. *Timbers of the World 2.* South America Buckinghamshire, TRADA, 1978.

4. CAMARGOS, J.A.A.; CZARNESKI, C.M.; MEGUERDITCHIAN, I.; OLIVEIRA, D. *Catálogo de árvores do Brasil.* Brasília: IBAMA, 1997. 887p, no prelo.

5. CHICHIGNOUD, M. DÉON, G.; DÉTIENNE, P.; PARANT, B.; VANTOMME, P. *Atlas de maderas tropicales de América Latina.* CTFT-ITTO- Association Techinique Internationale des Bois Tropicaux, 1990. 216p.

6. CHUDNOFF, M. *Tropical Timbers of the World.* Forest Products Laboratory, For. Serv. USDA Madison, Wisconsin, 1980. 831 p.

7. CORADIN, V.T.R.; MUNIZ, G.I.B. de. *Normas de procedimentos em estudos de anatomia da madeira: I. Gimnospermae, II. Angiospermae.* Brasília: IBAMA/DIRPED/LPF, 1991. 17p. il. (IBAMA/DIRPED/LPF Série Técnica, 15).

8. CPPF/INPA. *Catálogo das espécies madeireiras da área da hidrelétrica de Balbina.*

9. FOREST PRODUCTS LABORATORY. *Wood Handbook: wood as an engineering material.* Martise, USDA, 1974. 1 v. (USDA Agriculture Handbook, 72).

10. GUIMARÃES, E. F.; MAUTONE, L.; RIZZINI, C.T.; MATTOS FILHO, A. *Árvores do Jardim Botânico do Rio de Janeiro.* Rio de Janeiro: Jardim Botânico, 1993. 198p.

11. IBDF. *Brazilian Grading Rules for Sawn Hardwood Timber.* Brasília, 1983. 67p.

12. IBDF. *Madeiras da Amazônia: características e utilização. v.1. Floresta Nacional do Tapajós.* Brasília: CNPq, 1981. 113p.

13. IBDF. *Madeiras da Amazônia: características e utilização. v.2. Estação Experimental de Curuá-Una.* Brasília: CNPq, 1988. 236p.

14. IBAMA. DIRPED. LPF. *Madeiras da Amazônia: características e utilização. v.3. Região do Grande Carajás.* Brasília, no prelo.

15. IBDF. *Potencial madeireiro do Grande Carajás.* Brasília, 1983. 134p.

16. JANKOWSKY, I. P. (Coord.). *Madeiras brasileiras.* Caxias do Sul: Spectrum, 1990. V.1, 172p.

17. JUNTA DEL ACUERDO CARTAGENA. *Descripcion general y anatomica de 105 maderas del grupo andino.* Lima, JUNAC, 1981. 442 p.

18. LONGWOOD, F. R. *Present an potential commercial timbers of the Caribbean.* Agricultural Handbook nº 207, US Dept. of Agriculture, Washington DC, 1971. 167p.

19. LONGWOOD, F. R. *Present and potential commercial timbers of the Caribbean; with special reference to the West Indies, the Guianas, and British Honduras.* Washington. US Department of Agriculture, 1962. 167 p. (Agriculture Handbook; 207).

20. LORENZI, H. *Árvores brasileiras: manual de identificação e cultivo de plantas arbóreas nativas do Brasil.* Nova Odessa, SP: Editora Plantarum, 1992. 352p.

21. LOUREIRO, A.A. & SILVA, M.F. *Catálogo das madeiras da Amazônia v.1.* Belém: SUDAM, 1968. 433 p.

22. LOUREIRO, A.A. & SILVA, M.F. *Catálogo das madeiras da Amazônia v.2.* Belém: SUDAM, 1968. 411 p.

23. MAINIERI, C. *Madeiras leves da Amazônia empregadas em caixotaria. Estudo anatômico macro e microscópico.* IPT/SP. Publicação 686, 1962.

24. MAINIERI, C. *Fichas de características das madeiras brasileiras.* São Paulo: IPT, 1978. 418p.

25. MELO, J.E.; CORADIN, V.T.R; MENDES, J.C. Classes de densidade para madeiras da Amazônia brasileira. In: CONGRESSO FLORESTAL BRASILEIRO (6; Campos do Jordão: 1990). Anais. São Paulo: Sociedade Brasileira de Silvicultura, 1990. v.3, p. 695-699.

26. OLIVEIRA, L.C.S. *A variação da massa específica aparente da madeira em função do teor de umidade.* Notas técnicas em secagem de madeiras - NT 2. IPT, 1981.

27. PNUD/FAO/IBDF-LPF. *Espécies florestais da Amazônia - características, propriedades e dados de engenharia da madeira.* Laboratório de Produtos Florestais, 1976. 90p, no prelo.

28. SOUZA, M.H. *Incentivo ao uso de novas madeiras para fabricação de móveis.* Brasília: IBAMA, 1996. 62p.

29. TEIXEIRA, D.E.; SANTANA, M.A.E.; SOUZA, M.R. *Amazonian Timbers for the International Market.* Brasília: Brazilian Institute for Forestry Development / International Tropical Timber Organization, 1988. 78p.

GLOSSÁRIO

Acondicionamento/*Conditioning* - fase final do processo de secagem em estufa onde se procura eliminar as diferenças de umidade nas peças de madeira aliviando as tensões causadas pela secagem.

Alburno/*Sapwood* - o mesmo que branco da madeira, brancal, ou borne. Parte situada entre a casca e o cerne, geralmente de coloração mais clara que este. É a parte do tronco que estava viva (transportava seiva) enquanto a árvore ainda estava de pé.

Anel de crescimento/*Growth ring* - cada uma das camadas de crescimento da árvore.

Cerne/*Heartwood* - parte interna do tronco da árvore, envolvida pelo alburno, geralmente caracterizada por coloração mais escura do que este. É a parte do tronco que já estava morta mesmo com a árvore ainda em pé.

Conteúdo de umidade/*Moisture content* - quantidade de água contida na madeira, normalmente expressa em porcentagem do peso da madeira seca em estufa.

Diâmetro tangencial do poro/*Tangencial diameter of pore* - é o diâmetro de um poro medido no sentido transversal aos raios.

Eixo longitudinal do tronco - o mesmo que sentido axial ou longitudinal.

Grã/*Grain* - refere-se ao alinhamento geral das células da madeira com relação ao eixo principal da peça de madeira, podendo ser: direita, revessa ou ondulada.

Linhas vasculares/ *Vascular lines* - pequenos canais ou cavidades alongadas que aparecem como linhas interrompidas, mais ou menos paralelas, na superfície longitudinal de algumas madeiras, resultante do corte longitudinal dos vasos.

Organismos xilófagos - organismos que atacam madeira.

Parênquima/*Parenchyma* - tecido constituído por células de armazenamento nas plantas, normalmente mais claro que a parte fibrosa da madeira por ser de células curtas, iguais e de paredes finas. Classifica-se em parênquima axial ou longitudinal e parênquima radial.

GLOSSARY

Buttress - *above-ground roots that grow along the bole of a tree. May extend up the bole to a considerable height.*

Conditioning - *last phase of an oven drying process designed to eliminate the moisture content difference in a piece of wood minimizing the tensile caused by drying.*

Drying schedule - *kiln drying program for the optimum combination of temperature and relative humidity. The drying schedule may be considered severe when drying is accelerated, less severe when conditions of temperature and humidity allow slow drying.*

Equilibrium moisture content - *the moisture content at which wood neither gains nor loses moisture in a given combination of surrounding air relative humidity and temperature.*

Grain - *refers to the general alignment of the wood cells with respect to the principal axis of the piece.*

Growth ring - *each one of the layer of wood growth of the tree.*

Heartwood - *the wood extending from the pith to the sapwood, usually darker in color, the cells of which no longer participate in the life processes of the tree.*

Longitudinal parenchyma - *parenchyma extending parallel to the long axis of the tree trunk.*

Moisture content - *the amount of water contained in wood, usually expressed as a percentage of the oven dry weight of the wood.*

Parenchyma - *food-storing cells tissue in plants, usually lighter in color than fibrous parts in wood because the cells are short, similar in structure and with thin walls. Classified as longitudinal or radial parenchyma.*

Pore - *term for a vessel opening as seen in a cross-sectional view.*

Preservative - *chemical that retards decay and penetration by insects and marine borers.*

Parênquima axial ou longitudinal/ *Longitudinal parenchyma* - parênquima que se dispõe no sentido axial ou longitudinal do tronco.

Parênquima radial/*Radial parenchyma* - parênquima que se dispõe no sentido radial do tronco ou seja, perpendicular aos anéis de crescimento. O mesmo que raio.

Poro/*Pore* - denominação usual para designar a abertura dos vasos vistos na seção transversal da madeira.

Preservação da madeira/ *Wood Preservation* - operação que consiste na introdução de produtos químicos na madeira com o objetivo de lhe conferir uma maior durabilidade. O mesmo que tratamento preservativo.

Preservativo/*Preservative* - produto químico capaz de retardar a ação dos organismos que atacam a madeira, aumentando sua durabilidade. O mesmo que soluções preservativas.

Programa de secagem/*Drying schedule* - é um plano de secagem onde se prevê as condições de temperatura e unidade relativa dentro da câmara de secagem que melhor atendem a uma condição de secagem da madeira. O programa pode ser severo quando, através do controle da temperatura e umidade, se acelera o processo de secagem e suave quando, as condições de temperatura e umidade proporcionam uma secagem mais lenta.

Raios/*Rays* - agrupamento de células, em forma de fita, que se estendem desde a casca até o centro do tronco, com função de armazenamento de alimentos.

Sapopemas/*Buttresses* - raízes laterais, de forma tabular, que cercam a base do tronco de algumas árvores.

Teor de umidade de equilíbrio/*Equilibrium moisture content* - é o teor de umidade onde a madeira nem ganha e nem perde água em determinadas condições de umidade relativa do ar e temperatura.

Vasos/*Vessels* - estrutura tubular formada pela união de grandes células em uma coluna longitudinal, cuja principal função é o transporte de seiva.

Radial parenchyma - *parenchyma extending in a direction represented by the radius of the cross section of a log, i.e, perpendicular to the growth rings. The same as rays.*

Rays - *ribbon-like aggregate of cells extending radially and vertically in the wood, for storing food.*

Sapwood - *the wood between bark and heartwood, usually of pale color, the cells of which still participate in the life processes of the tree.*

Tangencial diameter of pore - *this is the diameter of a pore measured across the rays.*

Vascular lines - *small channels or lengthened cavities seen as interrupted lines, more or less parallel, in the longitudinal surface of wood, resulting of the longitudinal cut of the vessels.*

Vessel - *a tubular structure formed through the union of large cells in a longitudinal column. Principal function is the conduction of sap.*

Wood Preservation - *treatment of wood with chemicals to increase durability.*